医学高等职业教育融合创新规划教材

基础化学实训

主　编　王司雷

副主编　李术艳

编　委　（以姓氏拼音排序）

丁其春　（漳州卫生职业学院）

赖晓琳　（漳州卫生职业学院）

李秋玲　（漳州卫生职业学院）

李术艳　（漳州职业技术学院）

史娟兰　（漳州卫生职业学院）

王司雷　（漳州卫生职业学院）

杨　月　（漳州职业技术学院）

张　刚　（漳州卫生职业学院）

赵东升　（泉州医学高等专科学校）

厦门大学出版社
XIAMEN UNIVERSITY PRESS
国家一级出版社
全国百佳图书出版单位

图书在版编目（CIP）数据

基础化学实训 / 王司雷主编. -- 厦门 ：厦门大学
出版社，2025.6. -- （医学高等职业教育融合创新规划
教材）. -- ISBN 978-7-5615-9786-6

Ⅰ. O6

中国国家版本馆 CIP 数据核字第 202585CD84 号

责任编辑　眭　蔚
美术编辑　蒋卓群
技术编辑　许克华

出版发行　厦门大学出版社
社　　　址　厦门市软件园二期望海路 39 号
邮政编码　361008
总　　　机　0592-2181111　0592-2181406(传真)
营销中心　0592-2184458　0592-2181365
网　　　址　http://www.xmupress.com
邮　　　箱　xmup@xmupress.com
印　　　刷　厦门市明亮彩印有限公司

开本　787 mm×1 092 mm　1/16
印张　10.5
字数　250 千字
版次　2025 年 6 月第 1 版
印次　2025 年 6 月第 1 次印刷
定价　36.00 元

厦门大学出版社
微信二维码

厦门大学出版社
微博二维码

内容提要

　　《基础化学实训》是药学类、中药学类、食品工程类与化工技术类专业"基础化学"课程实训指导教材。

　　全书共分 3 部分 8 个模块 38 个项目，包括基础知识、基本操作、延伸拓展，书后附有"基础化学实训"课程标准、化学实训安全知识测试题等。

　　本书依托"智慧职教"教学平台为广大师生、企业员工、社会学习者提供数字资源和在线应用服务。

前　言

　　《基础化学实训》是药学类、中药学类、食品工程类与化工技术类专业基础课程"基础化学"（无机化学、有机化学与分析化学）的配套通用实训指导教材。实训内容分为3部分8个模块38个项目,包括基础知识、基本操作、延伸拓展。教学中可根据专业要求与课时安排,选取合适的项目开展实训。书后附有"基础化学实训"课程标准、化学实训安全知识测试题等。

　　本书的编写原则是:

　　1. 要求学生掌握基础化学实训中重要的实验技能、方法与注意事项。包括:(1)安全知识、事故的预防与急救处理。(2)常用仪器的洗涤、干燥、保养、使用,常用电器设备的使用。(3)溶液配制、蒸馏、过滤、抽滤、重结晶、萃取,滴定液的配制与标定,滴定分析的操作方法,以及电子天平、pH计、紫外-可见分光光度计、纸色谱等实验装置的组装与操作。

　　2. 筛选绿色环保、试剂价廉、结果可靠、易于操作、具有代表性的实训项目。

　　3. 要求学生学以致用,掌握基本的有机合成制备,天然有机物的提取、分离方法与操作。

　　4. 培养学生的发散性思维,拓展创新能力;引导学生描绘仪器装置简图,绘制实验流程图,记录与处理实验数据,撰写实训报告;培养学生查阅资料以及设计实验的能力。

　　5. 适应"移动、泛在"学习需求,依托"智慧职教"平台开发数字资源。学生登录"云课堂—智慧职教"加入课程班级,利用数字资源进行个性化自主学习。

 **基础化学实训**

　　本书是化学课程教学团队多年来实训工作的总结,同时也参考了相关教材内容,在此深表谢意。由于编者水平有限,书中难免有疏漏与不足之处,恳请读者批评指正。

2024 年 12 月

2

目　录

第一部分　基础知识

模块一　实训室规则、安全知识、化学试剂与实训用水 ………………………… 1
项目一　实训室规则与安全知识 …………………………………………………… 1
项目二　化学试剂与实训用水 ……………………………………………………… 5

模块二　实验、实训常用仪器与电器设备 ……………………………………… 9
项目一　玻璃仪器的洗涤与干燥 …………………………………………………… 9
项目二　常用仪器简介 ……………………………………………………………… 12
项目三　电器设备 …………………………………………………………………… 18

第二部分　基本操作

模块一　无机化学实训基本操作 ………………………………………………… 29
项目一　氯化钠的提纯 ……………………………………………………………… 29
　　　　氯化钠的提纯(简版) ……………………………………………………… 33
项目二　溶液的配制与稀释 ………………………………………………………… 35
项目三　化学反应速率与化学平衡 ………………………………………………… 37
项目四　缓冲溶液的配制与性质 …………………………………………………… 40
项目五　胶体溶液的制备与性质 …………………………………………………… 44

模块二　有机化学实训基本操作 ………………………………………… 47
　项目一　重结晶 ……………………………………………………………… 47
　项目二　熔点的测定 ………………………………………………………… 50
　项目三　萃取与分液 ………………………………………………………… 53
　项目四　蒸馏与沸点的测定 ………………………………………………… 55
　项目五　水蒸气蒸馏 ………………………………………………………… 57
　项目六　葡萄糖的旋光度的测定 …………………………………………… 60

模块三　分析化学实训基本操作 ………………………………………… 64
　项目一　电子天平的称量练习 ……………………………………………… 64
　项目二　滴定分析仪器的基本操作练习 …………………………………… 67
　项目三　盐酸滴定液的配制与标定 ………………………………………… 79
　项目四　氢氧化钠滴定液的配制与标定 …………………………………… 81
　项目五　高锰酸钾滴定液的配制与标定 …………………………………… 84
　项目六　过氧化氢含量的测定 ……………………………………………… 86
　项目七　氯化钠注射液含量的测定 ………………………………………… 88
　项目八　水的总硬度的测定 ………………………………………………… 91
　项目九　生理盐水 pH 的测定 ……………………………………………… 93
　项目十　高锰酸钾吸收曲线的绘制 ………………………………………… 98
　项目十一　高锰酸钾标准曲线的绘制(工作曲线法与系数法测定) ……… 104
　项目十二　吸光系数法测定维生素 B_{12} 注射液含量 ……………………… 108
　项目十三　纸色谱法分离与鉴定氨基酸 …………………………………… 110

第三部分　延伸拓展

模块一　有机物合成制备 ………………………………………………… 114
　项目一　乙酸乙酯的制备 …………………………………………………… 114
　项目二　阿司匹林的制备 …………………………………………………… 117
　项目三　肥皂的制备 ………………………………………………………… 119

模块二　天然有机物的提取 ……………………………………………… 121
　项目一　海带中甘露醇的提取 ……………………………………………… 121
　项目二　蛋黄中卵磷脂的提取及卵磷脂的组成鉴定 ……………………… 123
　项目三　黄连中黄连素的提取 ……………………………………………… 128

模块三　探究设计性实训 ………………………………………………… 131
　项目一　酯的制备 …………………………………………………………… 131

项目二　从橙子皮(或柚子皮、柠檬皮)中提取柠檬烯 ………………………………… 132

项目三　从茶叶(或咖啡)中提取咖啡因 ………………………………………………… 133

附　录

附录一　"基础化学实训"课程标准 …………………………………………………………… 135

附录二　化学实训安全知识测试题 …………………………………………………………… 139

附录三　化学实训安全知识测试题参考答案 ………………………………………………… 144

附录四　实训报告示范 ………………………………………………………………………… 145

　　示范一　胶体溶液的制备与性质 ………………………………………………………… 145

　　示范二　阿司匹林的制备 ………………………………………………………………… 146

　　示范三　高锰酸钾标准曲线的绘制(工作曲线法与系数法测定) …………………… 148

　　示范四　吸光系数法测定维生素 B_{12} 注射液含量 ……………………………………… 149

　　示范五　纸色谱法分离与鉴定氨基酸 …………………………………………………… 150

附录五　"云课堂—智慧职教"云端数字资源查看指南 …………………………………… 152

参考文献 ………………………………………………………………………………………… 155

第一部分 基础知识

模块一 实训室规则、安全知识、化学试剂与实训用水

项目一 实训室规则与安全知识

一、实训室规则

1. 严格遵守实训室规章制度,严禁嬉闹喧哗,遵守老师的指导与安排。

2. 穿着实训服、包覆式鞋子,扣好衣扣,系好鞋带,蓄长发的同学务必将长发扎于脑后。

3. 记住医药箱、灭火器的存放位置,并熟知其使用方法。

4. 严禁将食品带入实训室,严禁擅自携带实训室仪器或试剂离开实训室。

5. 实训前要认真预习实训内容,明确实训任务,理解实训原理,熟悉实训步骤和有关注意事项,了解实训试剂、原料、仪器和装置,并写好预习报告。

6. 实训过程中,不得擅自离开实训室,要遵守实训要求,规范操作,仔细观察,积极思考,分析比较,实事求是,如实及时做好实训记录。

7. 仪器、原料、试剂和工具应在指定的位置使用,用后要做到物归原处。暂时不用的器材,不要放在实训台面,以免碰倒损坏。取用试剂时若不慎取过量,应倒入特定回收容器,切勿倒回原来容器或随意丢弃于水槽中。

8. 破损仪器应及时报损补充。损毁无法使用的玻璃器皿应丢弃于废弃玻璃收集箱内,不可随意丢入垃圾桶。水槽应保持清洁、畅通,实训中产生的火柴梗、纸屑等不能丢入水槽,应投入废物桶。化学废液、废渣应回收到实训室指定的容器。

9. 实训结束后要做好实训台面的清理工作,将所用的仪器洗净,整齐有序放置,并清理实训台面的碎屑、液滴等。实训原始记录、实训报告应交指导老师检查,老师检查合格后方能离开实训室。

10. 值日学生实训结束后应做好实训室内外的清洁卫生,协助老师整理有关实训仪器和试剂,关好水、电、门、窗。

二、实训安全知识

化学实训室所用试剂多数易燃、易爆、有毒、有腐蚀性,所用仪器大多数为易破碎的玻璃制品,还包括用火、用电设备。若粗心大意或使用不当,就会发生如灼伤、割破、燃烧、爆炸或触电等意外事故,造成不必要的财产损失与人身损害。

要按照实训要求进行操作,正确选择和使用仪器装置,采取必要的安全防护措施。熟悉灭火器、沙箱、急救药箱等安全用具的放置地点和使用方法。进行可能发生危险的实训时,应采取必要的安全防护措施,如戴防护眼镜、面罩、手套,穿防护服等。

(一)事故预防

做好预防是确保安全的根本保障。

1. 火灾的预防

实训室中使用的有机溶剂大多数是易燃的,着火是实训室重要的防范内容,应尽可能地避免使用明火。

(1)在操作易燃溶剂时,①远离火源;②勿将易燃液体放在敞口容器中(如烧杯)直火加热;③加热必须在水浴中进行,切勿使容器密闭,否则会造成爆炸。

(2)蒸馏装置不能漏气,如发现漏气,应立即停止加热,检查原因。若塞子被腐蚀,则待冷却后,才能换掉塞子。接收瓶不宜用敞口容器如广口瓶、烧杯等,而应用窄口容器如三角烧瓶等。从蒸馏装置接收瓶排出尾气的出口应远离火源,最好用橡皮管引入下水道或室外。

(3)回流或蒸馏低沸点易燃液体时,①应放数粒沸石或素烧瓷片或一端封口的毛细管,以防止暴沸。若在加热后才发现未放,不能立即揭开瓶塞补放,而应先停止加热,待被蒸馏的液体冷却后才能加入。否则,会因暴沸而发生事故。②严禁直接加热。③瓶内液体量不能超过瓶容积的 2/3。④加热速度宜慢,不能快,避免局部过热。

(4)用油浴加热蒸馏或回流时,必须十分注意,避免因冷凝用水溅入热油浴中,热油外溅到热源上而引起火灾。橡皮管套入冷凝管侧管时要紧密,开动水阀动作要慢,控制水流速度。

(5)当处理大量的可燃性液体时,应在通风橱中或在指定地方进行,室内应无火源。

(6)不得把燃着或者带有火星的火柴梗或纸条等乱抛乱掷,也不得丢入废物缸中。

2．爆炸的预防

预防化学实训爆炸的具体措施如下：

（1）蒸馏装置必须正确安装，不能造成体系密闭，应使装置与大气相连通；减压蒸馏时，不能用三角烧瓶、平底烧瓶、锥形瓶、薄壁试管等不耐压容器作为接收瓶或反应瓶，否则易发生爆炸，而应选用圆底烧瓶作为接收瓶或反应瓶。无论是常压蒸馏还是减压蒸馏，均不能将液体蒸干，以免局部过热或产生过氧化物而发生爆炸。

（2）切勿使易燃易爆的气体接近火源，有机溶剂如醚类和汽油一类物质的蒸气与空气相混时极为危险，可能会由一个热的表面或者一个火花、电花而引起爆炸。

（3）使用乙醚等醚类时，必须检查有无过氧化物存在，如果发现有过氧化物存在，应立即用硫酸亚铁除去过氧化物，才能使用。同时使用乙醚时应在通风较好的地方或在通风橱内进行。

（4）对于易爆炸的固体，如重金属乙炔化物、苦味酸金属盐、三硝基甲苯等都不能重压或撞击，以免引起爆炸，对于这些物质的残渣，必须小心销毁。例如，重金属乙炔化物可用浓盐酸或浓硝酸使它分解，重氮化合物可加水煮沸使它分解，等等。

（5）卤代烷勿与金属钠接触，因反应剧烈易发生爆炸。钠屑必须放在指定的地方。

3．中毒的预防

化学试剂的中毒主要是通过呼吸道和皮肤接触有毒物品而对人体造成危害。预防化学试剂中毒，应严格做到：

（1）称量试剂时应使用工具，不得直接用手接触，尤其是毒品。做完实训后，应立即洗手。任何试剂不能用嘴尝。

（2）剧毒试剂应妥善保管，不得乱放。实训中所用的剧毒物质应由专人负责收发，使用毒物者必须遵守相关操作规程。实训后的有毒残渣必须做妥善而有效的处理，不准乱丢。

（3）有些剧毒物质会渗入皮肤，因此，接触这些物质时必须戴橡胶手套，操作后应立即洗手，切勿让毒品沾及身体，特别是伤口。例如，氰化钠沾及伤口后就会随血液循环至全身，严重的会造成中毒死伤事故。

（4）反应过程中可能生成有毒或有腐蚀性气体的实训应在通风橱内进行，使用后的器皿应及时清洗。在使用通风橱时，切忌将头部伸入橱内。

4．触电的预防

使用电器时，应防止人体与电器导电部分直接接触，不能用湿手或用手握湿的物体接触电插头。为了防止触电，装置和设备的金属外壳等都应连接地线。实训后应切断电源，再将连接电源的插头拔下。

（二）事故处理与急救

科学及时的事故处理与急救是降低事故危害、挽救人身伤害、避免事故扩大的必要与有效措施。

1．火灾的处理

实训室失火，应沉着冷静，及时快速关闭煤气灯，熄灭一切火源，关闭总电闸，搬开易燃物质,防止火势蔓延。采取使燃着的物质隔绝空气的办法灭火(化学实训一般不能用水灭火)。在着火初期,不能用口吹,必须使用灭火器、砂、毛毡等。若火势小,可用湿布扑盖住火焰,使之隔绝空气而灭火。油类物质着火切忌用水扑灭,要用砂或灭火器灭火,也可撒上干燥的固体碳酸氢钠粉末。电器着火,应先切断电源,然后用二氧化碳灭火器或四氯化碳灭火器灭火(四氯化碳蒸气有毒,在空气不流通的地方使用有危险),绝不能用水和泡沫灭火器灭火,以防发生触电。衣服着火切勿奔跑,应立即往地上打滚,邻近人员可用毛毡或棉胎一类东西盖在其身上,使之隔绝空气而灭火。

失火时要根据起火的原因和火场周围的情况,当机立断采取正确的方法灭火。无论使用何种灭火器材,都应从火的四周开始向中心扑灭,把灭火器喷出口对准火焰的底部。

2. 玻璃割伤

玻璃割伤是常见的事故,受伤后要先检查伤口,如果伤口有玻璃碎粒,应先用镊子把玻璃碎粒取出。若伤势不重,先进行简单的急救处理,再用纱布包扎。若伤口严重、流血不止,可在伤口上部约 10 cm 处用纱布扎紧,压迫止血,并随即到医院就诊。

3. 试剂灼伤

皮肤接触了腐蚀性物质后可能被灼伤,为避免灼伤,在接触这些物质时,最好戴橡胶手套和防护眼镜。

(1)酸灼伤。根据不同的灼伤部位采取不同的处理方法。①皮肤灼伤:立即用大量水冲洗,然后用 5% 碳酸氢钠溶液洗涤,再涂上油膏,将伤口包扎好。②眼睛灼伤:立即用生理盐水冲洗,也可用洗眼杯或将橡皮管套上水龙头,用细水流对准眼睛冲洗,然后再用 1% 碳酸氢钠溶液或 1% 硼酸溶液洗涤,最后滴少许蓖麻油。

(2)碱灼伤。根据不同的灼伤部位采取不同的处理方法。①皮肤灼伤:先用水冲洗,然后用饱和硼酸溶液或 1% 醋酸溶液洗涤,再涂上油膏,并包扎好。②眼睛灼伤:抹去溅在眼睛外面的碱,用水冲洗,再用饱和硼酸溶液洗涤,滴入蓖麻油。

(3)溴灼伤。如溴弄到皮肤上,应立即用水冲洗,涂上甘油,敷上烫伤油膏,将伤处包好。如眼睛受到溴蒸气刺激,暂时不能睁开时,可对着盛有酒精的瓶口注视片刻。

上述为现场急救措施。若伤势较重,在采取急救措施后,还应速送医院诊治。

4. 烫伤

如烫伤未破皮,可采用大量自来水冲洗伤处,用饱和碳酸钠溶液涂搽或用碳酸钠粉调成糊状敷于伤处;如伤口破皮,涂以烫伤软膏后应立即送医院诊治。

5. 中毒

溅入口中而尚未咽下的毒物应立即吐出来,用大量水冲洗口腔;如已吞下,应根据毒物的性质服解毒剂,并立即送医院诊治。

(1)腐蚀性毒物。对于强酸,先饮大量的水,再服氢氧化铝膏、鸡蛋白;对于强碱,也要先饮大量的水,然后服用醋、酸果汁、鸡蛋白。不论酸或碱中毒都需灌注牛奶,不要吃呕吐剂。

(2)刺激性及神经性中毒。先服牛奶或鸡蛋白使之缓和,再服用硫酸铜溶液(约 30 g 溶于 1 杯水中)催吐,有时也可以用手指伸入喉部催吐后,立即到医院就诊。

(3)吸入气体中毒。将中毒者移至室外进行急救。对吸入大量氯气或溴气者,可用碳酸氢钠溶液漱口。

项目二 化学试剂与实训用水

一、化学试剂

(一)化学试剂的规格

化学试剂的规格是以其中所含杂质多少来划分的,一般可分为一、二、三、四级试剂和生化试剂等。试剂的分级、名称、符号、适用范围与标签颜色列于表 1-1 中。

表 1-1 常用试剂规格和适用范围

等级	名称	符号	适用范围	标签颜色
一级试剂	优级纯试剂	GR	纯度很高,适用于精密分析	绿色
二级试剂	分析纯试剂	AR	纯度高,适用于多数分析工作和科学研究工作	红色
三级试剂	化学纯试剂	CP	纯度一般,适用于一般分析工作	蓝色
四级试剂	实验试剂	LR	纯度较低,适用于实验辅助试剂	棕色或其他颜色
生化试剂	生化试剂、生物着色剂	BR	生物化学或医用化学实验	咖啡色、玫瑰色

此外还有光谱纯试剂、基准试剂、色谱纯试剂等。光谱纯试剂的杂质含量用光谱分析法已测不出或者其杂质的含量低于某一限度,此种试剂主要用于光谱分析中的标准物质。基准试剂的纯度相当于或高于优级纯试剂(又称一级品或保证试剂)。基准试剂用作滴定分析中的基准物质,也可用于直接配制标准溶液。

在分析工作中,选用试剂的纯度要与所用方法匹配,实验用水、操作器皿等要与试剂的等级相适应。若试剂都选用光谱纯级的,则不宜使用普通的蒸馏水或去离子水,而应使用经两次蒸馏制得的二重蒸馏水。所用器皿的质地也要求较高,使用过程中不应有物质溶解,以免影响测定的准确度。纯度越高的试剂,使用成本越高,因此选用试剂时,要注意节约原则,不要盲目追求纯度高,应根据具体要求取用。

优级纯试剂和分析纯试剂虽然是市售试剂中的纯品,但有时由于包装或取用不慎而混入杂质,或运输过程中可能发生变化,或贮藏日久而变质,所以还应具体情况具体分析。对所用试剂的规格有所怀疑时应进行鉴定。在特殊情况下,市售的试剂纯度不能满足要求时,分析者应自己动手精制。

(二)试剂的存放

实训室只宜存放少量短期内需用的试剂。化学试剂应定位放置、用后复位,剩余的试剂不能倒回原瓶。化学试剂按无机物、有机物、生物培养剂分类存放,无机物按酸、碱、盐分类存放,盐类中按金属活泼性顺序分类存放,生物培养剂按培养菌群不同分类存放。

1. 危险化学试剂中的剧毒品与易制毒试剂应锁在专门的毒品柜中,由专门人员加锁保管,实行领用经申请、审批、双人登记签字的制度。

2. 所有盛装试剂的瓶上都应贴有明显的标签,写明试剂的名称、规格及配制日期。书写标签最好用绘图墨汁,以免日久褪色。千万不能在试剂瓶中装入不是标签上所写的试剂。无标签或标签无法辨认的试剂都要当成危险物品重新鉴定后小心处理,不可随便乱扔,以免引起严重后果。

3. 易燃易爆试剂应贮存于壁厚 1 mm 以上的铁柜中,柜子的顶部设有通风口。严禁存放大于 20 L 的瓶装易燃液体。易燃易爆试剂不要放在冰箱内(防爆冰箱除外)。

4. 相互混合或接触后可以发生激烈反应、燃烧、爆炸、放出有毒气体的两种或两种以上试剂,不能混放在一起。腐蚀性试剂宜放在塑料或搪瓷的盘或桶中,以防瓶子破裂酿成事故。

5. 要注意化学试剂的存放期限,一些试剂在存放过程中会逐渐变质,甚至形成危害。

6. 试剂柜和试剂均应避免阳光直晒及靠近暖气等热源。见光易分解的试剂,如 HNO_3、$AgNO_3$、$AgCl$、$AgBr$、AgI、氯水、溴水等,要盛放在棕色瓶中或用黑纸、黑布包好存放于暗柜中。

7. 固体试剂为方便取用,应盛放在广口瓶中。液体试剂为防取用时泼溅,一般盛放在细口瓶或滴瓶中。

8. 盛放强酸、强氧化性试剂(HNO_3、浓 H_2SO_4、$KMnO_4$、$K_2Cr_2O_7$、氯水、溴水等)、有机溶剂(汽油、四氯化碳、乙醇、苯、氯仿等),不能用橡皮塞。橡皮塞易被强酸、强氧化性试剂腐蚀,能溶于有机溶剂。盛放碱性溶液 $NaOH$、Na_2CO_3、Na_2SiO_3、Na_2S 等,应用橡皮塞。碱性溶液能与玻璃中的 SiO_2 反应,如用磨口玻璃塞,则易生成黏性的硅酸盐,致使瓶塞粘连无法打开。长期存放碱性溶液最好用耐腐蚀的塑料试剂瓶盛装。

9. 特殊的化学试剂要有特殊的保存措施。氢氟酸易腐蚀玻璃,不能存放在玻璃瓶中。少量白磷要保存在水中。液溴要在容器中加入少量水形成水封。锂常保存在液体石蜡中,钠、钾保存在煤油中。

(三)试剂的取用

取用时,应先看标签明确是所取试剂,不手拿、不口尝、不直闻,严控用量,不改变纯度(用后多余试剂不能放回原瓶,但多余的钠、钾、白磷要放回原瓶)。瓶塞不许任意放置,取完试剂后应立即盖上塞子,并放回原处。

1. 固体试剂的取用

取粉末或小颗粒的试剂,要用洁净的药匙。取用强碱性试剂后小勺应立即洗净,以免腐蚀。往试管里装粉末试剂时,可将装有试剂的药匙或纸槽平放入试管底部(图 1-1、图 1-2),然后竖直,让试剂落入试管。

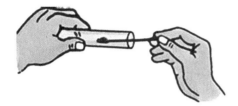 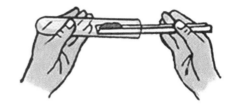

图 1-1 药匙取用粉末或小颗粒试剂送入试管　　**图 1-2 纸槽取用粉末或小颗粒试剂送入试管**

取块状或颗粒状试剂要用洁净的镊子夹取,轻取轻放。装入试管时,应先把试管平放,把试剂放在试管口内沿,再把试管慢慢竖直,使试剂颗粒缓缓滑入试管底部(图 1-3)。

图 1-3 镊子夹取块状或颗粒状试剂滑入试管

2. 液体试剂的取用

从滴瓶中取少量试剂时用滴管取用,先提起滴管至滴瓶口以上,再按捏胶头排气,然后迅速将滴管伸入滴瓶液体中,放松胶头吸入试剂,再提起滴管,轻轻按捏胶头将试剂滴入容器中。取用试剂时滴管不能横置或倒置,以免试剂进入滴管的胶头里,引起胶头老化并污染试剂,也不能将胶头滴管伸入接收容器中,以免接触器壁沾染杂质,导致再次取用试剂时污染试剂瓶中试剂(图 1-4)。滴瓶上的滴管应专瓶专配,不能混用。

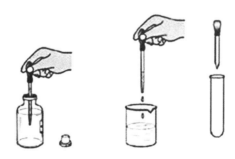

图 1-4 从滴瓶中取少量试剂

从细口瓶中取用试剂时,先将瓶盖取下倒置在实验台面上,然后标签对着手心握住试剂瓶,缓慢地倾斜试剂瓶并将瓶口紧贴盛接容器的边缘,慢慢倾倒至所需量,最后瓶口接近的一滴试剂要靠到容器中(图 1-5)。

图 1-5　从细口瓶中倾倒试剂

在分析工作中,试剂的浓度及用量应按要求适当使用,过浓或过多不仅会造成浪费,而且可能发生副反应,甚至得不到正确结果。

二、实训用水

实训任务的不同对实训用水的水质有不同的要求,如仪器器皿的洗涤、溶液的配制、化学反应和分析及生物组织培养,对水质的要求都有所不同。将自来水净化成能满足分析实训要求的水,净化方法有蒸馏、离子交换、反渗透、电渗析、超滤、活性炭吸附、紫外线杀菌等。一般的分析工作采用蒸馏水或去离子水,超纯物质的分析需采用纯度较高的超纯水。

(一)蒸馏水

通过蒸馏方法,把水加热至沸,再把水蒸气冷凝并收集,得到蒸馏水。蒸馏法可以杀死微生物,除去大多数无机盐等非挥发性物质,但是水中溶有的气体杂质和挥发性有机杂质会随着水一起蒸发而无法去除。为了得到更纯的水,可以二次蒸馏,甚至三次蒸馏,或者采用其他纯化方法。

蒸馏法不能除去易溶于水中的气体。通常使用玻璃、铜、不锈钢、石英等材质的蒸馏器。蒸馏器的材料不同,所带的杂质也不同。用玻璃蒸馏器蒸馏所得的纯化水含有 Na^+ 和 SiO_3^{2-} 等,而用铜蒸馏器所制得的纯化水则可能含有Cu^{2+}。

(二)去离子水

利用离子交换剂去除水中的阳离子和阴离子杂质所得的纯水,称去离子水。未进行处理的去离子水可能含有微生物和有机杂质。

(三)超纯水

超纯水是将水经过多种纯化方法纯化,除去几乎所有无机盐等导电介质,又将不溶解胶体物质、有机物、微生物、气体等去除杂质浓度很低的水。

化学分析中,除配位滴定必须用去离子水外,其他方法均可使用蒸馏水。分析实验用的纯水必须注意保持纯净,避免污染。聚乙烯容器是贮存超纯水的理想容器之一。

模块二　实验、实训常用仪器与电器设备

项目一　玻璃仪器的洗涤与干燥

实验中要使用各种玻璃仪器，在实验前必须将玻璃仪器清洗干净，否则会影响实验结果的准确性。

一、玻璃仪器的常规洗涤

一般的玻璃仪器，如烧杯、烧瓶、锥形瓶、试管和量筒等，可以用毛刷从外到里用水刷洗，这样可刷洗掉水可溶性物质、部分不溶性物质和灰尘；若有油污等有机物，可用去污粉、肥皂粉或洗涤剂进行洗涤。用蘸有去污粉或洗涤剂的毛刷擦洗，然后用自来水冲洗干净，最后用蒸馏水或去离子水润洗内壁 2～3 次。磨口的玻璃仪器，洗刷时应注意保护磨口，不宜使用去污剂，而改用洗涤剂。

不宜用毛刷刷洗或用毛刷刷洗不干净的玻璃仪器，如滴定管、容量瓶、移液管等，通常将洗涤剂倒入或吸入容器内浸泡一段时间后，把容器内的洗涤剂倒入贮存瓶中备用，再用自来水冲洗和去离子水润洗。砂芯玻璃滤器在使用后需立即清洗，针对滤器砂芯中残留的不同沉淀物，采用适当的洗涤剂先溶解砂芯表面沉淀的固体，然后用减压抽洗法反复用洗涤剂把砂芯中残存的沉淀物全部抽洗掉，再用蒸馏水冲洗干净。

检验玻璃仪器洗涤干净的方法：用洁净的水润湿玻璃仪器内壁，再将水倒出，如内壁能形成一层均匀的水膜而无水的条纹，且不挂水珠，则说明玻璃仪器已洗涤干净。

二、玻璃仪器顽固污物的洗涤

（一）结晶和沉淀物的洗涤

如氢氧化钠或氢氧化钾因吸收空气中的二氧化碳而形成碳酸盐,以及存在氢氧化铜或氢氧化铁沉淀时,可用水浸泡数日,然后用稀酸洗涤,使之生成能溶于水的物质,再用水冲洗。如存在有机物沉淀,则可用煮沸的有机溶剂或氢氧化钠溶液进行洗涤。

汞与一些金属形成金属合金(汞齐),附着在玻璃壁上形成深色斑痕,可用体积分数为10％的硝酸溶液将汞齐溶解,再用水洗净。玻璃上吸附的白色污斑(是长期贮存碱而被碱腐蚀形成的)、黄褐色的铁锈污斑可用盐酸溶液浸泡,再用自来水冲洗干净。电解乙酸铅时生成的混浊物,可用乙酸洗涤。褐色的二氧化锰斑点可用硫酸亚铁、盐酸或草酸溶液洗涤。玻璃上的墨水污斑可用苏打或氢氧化钠溶液洗涤。

（二）干性油、油脂、油漆等的洗涤

干性油、油脂、油漆可用氨水或氯仿进行洗涤;未变硬的油脂可用有机溶剂洗涤;煤油可用热肥皂水洗涤;黏性油可用热氢氧化钠溶液浸泡洗涤。

有油污的玻璃器皿可先用碱性酒精洗涤液洗涤,然后用洗衣粉水或肥皂水洗涤,再用自来水冲洗干净。

（三）银盐、银镜污渍的洗涤

氯化银、溴化银污渍可用硫代硫酸钠溶液洗涤,银镜可用热的稀硝酸溶液使之生成易溶于水的硝酸银加以洗除,或加入过氧化氢使银氧化而除去,也可用氯化铁使银镜逐渐溶解并脱落。

三、玻璃仪器的干燥

做实验经常用到的玻璃仪器应在实验完毕后清洗干净备用,根据不同的实验,对玻璃仪器的干燥有不同的要求,通常实验中用的烧杯、锥形瓶等洗净后即可使用,而用于有机化学实验或有机分析的玻璃仪器,则要求在洗净后进行干燥。常见的干燥方式有以下几种。

（一）晾干

不急等用的玻璃仪器,洗净后倒置在无尘处,自然干燥。一般把玻璃仪器倒放在玻璃柜中。

（二）烘干

洗净的玻璃仪器尽量倒净其中的纯水,放在带鼓风机的电烘箱中烘干。烘箱温度在105～120 ℃保温约1 h。称量瓶等烘干后要放在干燥器中冷却保存。组合玻璃仪器需要

分开后烘干,以免因膨胀系数不同而烘裂。砂芯玻璃仪器及厚壁玻璃仪器烘干时需慢慢升温且温度不可过高,以免烘裂。玻璃量器的烘干温度也不宜过高,以免引起体积变化。

(三)吹干

体积小又急需干燥的玻璃仪器,可用电吹风机吹干。先用少量95％乙醇、丙酮(或乙醚)倒入仪器中将其润湿,倒出流净溶剂于回收瓶后,再用电吹风机吹,开始用冷风,然后用热风把玻璃仪器中残留的溶剂吹干。

四、玻璃仪器的存放

玻璃仪器的存放要分门别类,便于取用。移液管洗净后应置于移液管架上。滴定管用后用自来水冲洗干净,倒立夹在滴定管架上。移液管与滴定管如久置不用,则洗净沥干后,收纳于防尘的专盒中存放。

带磨口塞的玻璃仪器如容量瓶、比色管等,最好在清洗前用线绳或塑料细丝把塞和瓶口拴好,以免打破塞子或弄混。需长期保存的磨口仪器要在塞子和磨口间垫一干净纸片,以免日久粘住。长期不用的滴定管应去除凡士林后,垫上纸并用皮筋拴好活塞保存。磨口塞间有砂粒不要用力转动,也不要用去污粉擦洗磨口,以免降低其精度。成套仪器如索氏萃取器、气体分析器等用毕要立即洗净,放在专用的盒子里保存。

玻璃仪器在洗涤、干燥时,应注意以下几点:

1. 玻璃仪器质脆易碎,洗涤、干燥时要轻拿轻放。

2. 玻璃仪器中的量器如量筒、量杯、容量瓶、移液管、滴管等的干燥不能采取加热的方式烘干,应洗净后自然晾干。

3. 温度计测温后应缓慢冷却后冲洗,不能立即用冷水冲洗,以免炸裂或汞柱断线。

4. 带活塞的玻璃器皿,如分液漏斗等用过洗净后应在活塞与磨口间垫上干燥干净的纸片,以防止黏结。

5. 锥形瓶、平底烧瓶壁薄不耐压,用毛刷刷洗时应轻刷瓶身,不可上下用力搅动,以免捅破瓶底。

五、常用光学仪器的维护与清洗

实训室常用的光学仪器如分光光度计、折光计等,都是一些精密光学仪器,在使用和保养中,必须细心谨慎,严格按说明使用,不得任意松动仪器各连接部分,不得跌落、碰撞仪器,以防止光学零件损伤及影响精度。被测试样中不应有硬性杂质,当测试固体试样时,应防止把折射棱镜表面拉毛或产生压痕。使用完毕后,严禁直接放入水中清洗,避免光学系统管路进水。打开棱镜,用擦镜纸轻轻擦干,在任何情况下都不允许用擦镜纸以外的任何东西接触到棱镜,以免损坏它的光学平面。仪器应存放于干燥,无灰尘,无有害、易燃、易爆等气体的地方,以免光学零件腐蚀或生霉。

光学仪器在使用中容易沾上油污、水湿性污物、指纹等,影响成像及透光率。清洗折光计的棱镜、平面镜及显微镜的镜头,先用蒸馏水进行清洗,镜面若有污渍,可以用乙醇和乙醚的混合液清洗。清洗时用专门的擦镜纸或棉球蘸少量清洗剂,顺着一个方向擦拭,从镜头中心向外做圆周运动,切忌把这类镜头浸泡在清洗剂中清洗。清洗镜头不得用力擦拭,否则会划伤增透膜,损坏镜头。清洗完毕后用擦镜纸擦干,避光保存。

项目二 常用仪器简介

一、锥形瓶、烧杯、试剂瓶

锥形瓶、烧杯、试剂瓶的用途、使用方法与注意事项见表 1-2。

表 1-2 锥形瓶、烧杯、试剂瓶的用途、使用方法与注意事项

仪器	用途	使用方法与注意事项
锥形瓶	1. 用作反应容器,振荡方便 2. 适用于滴定反应 3. 装配气体发生器	1. 盛放液体不宜太多,以免振荡时溅出 2. 加热时要垫上石棉网
烧杯	1. 用作大量物质的反应容器 2. 配制溶液 3. 物质的加热溶解 4. 接收滤液,从溶液中析出结晶或沉淀	1. 反应液体不得超过烧杯容量的 2/3 2. 加热前要擦干烧杯外壁,要垫上石棉网加热
滴瓶 细口瓶 广口瓶	1. 滴瓶、细口瓶盛放液体试剂 2. 广口瓶用于存放固体试剂或收集气体 3. 棕色瓶用于盛放见光易分解或不太稳定的试剂	1. 滴管及瓶塞不得互换 2. 浓酸等可腐蚀胶头的试剂如溴不能长期存放于滴瓶 3. 盛放碱液时要用橡皮塞 4. 不能直接加热或作反应容器 5. 带磨口塞的试剂瓶不用时,应洗净后在磨口处垫纸条

二、量筒、量杯、容量瓶、试管

量筒、量杯、容量瓶、试管的用途、使用方法与注意事项见表 1-3。

表 1-3　量筒、量杯、容量瓶、试管的用途、使用方法与注意事项

仪器	用途	使用方法与注意事项
量筒　　量杯	量出一定体积液体	1. 不能加热，不能量热的液体 2. 不能用作反应容器 3. 不能用作配制溶液或稀释溶液的容器
容量瓶	1. 配制标准溶液 2. 配制试样溶液 3. 定量稀释溶液 4. 按容量大小表示，如 50 mL、100 mL 等	1. 不能加热 2. 不能代替试剂瓶存放溶液 3. 磨口塞是配套的，不能互换
普通试管　刻度试管　离心试管	1. 用作少量试剂的反应容器 2. 制取和收集少量气体 3. 离心试管还可用于定性分析中的沉淀分离	1. 所加液体不得超过试管容量 1/2，加热时不超过 1/3 2. 加热时试管外壁要干燥，硬质试管可加热至高温 3. 加热后不能骤冷，特别是软质试管更易破裂 4. 离心试管只能用水浴加热

三、毛刷、漏斗、球形漏斗、梨形漏斗、铁架台

毛刷、漏斗、球形漏斗、梨形漏斗、铁架台的用途、使用方法与注意事项见表 1-4。

表 1-4　毛刷、漏斗、球形漏斗、梨形漏斗、铁架台的用途、使用方法与注意事项

仪　器	用　途	使用方法与注意事项
毛刷	洗刷玻璃仪器	1. 使用时要轻柔,避免刷子顶端铁丝捅破玻璃仪器底部 2. 不可扭绞刷毛,否则会使刷毛结构松散,导致脱毛 3. 用后要自然风干,不可晒干,也不可烘干
漏斗	1. 常压下过滤 2. 用于往口径小的容器中添加液体	不可加热
球形漏斗　梨形漏斗	1. 球形漏斗用于制气装置中滴液 2. 梨形漏斗用于互不相溶的液-液分离	1. 不能加热 2. 塞子和活塞处应涂薄层凡士林,用前应检查,确保不漏液 3. 在气体发生器中漏斗颈要插入液面以下
铁架台	固定和支持仪器组装,常用于过滤、加热、滴定等实验操作	1. 安装容易移动的圆底仪器时,需要用手扶住直至夹持仪器安装完毕 2. 在增添铁夹时不能过紧,否则容易损坏玻璃仪器,还容易在实验时成为安全隐患

四、研钵、点滴板、木试管夹、药匙

研钵、点滴板、木试管夹、药匙的用途、使用方法与注意事项见表1-5。

表 1-5　研钵、点滴板、木试管夹、药匙的用途、使用方法与注意事项

仪器	用途	使用方法与注意事项
研钵	1. 研细固体物质 2. 混匀固体物质	1. 不能加热或用作反应容器 2. 只能研磨、挤压，勿敲击 3. 盛放固体物质的量不宜超过容积的 1/3
点滴板	用于颜色反应或沉淀反应的点滴反应	1. 一般为白色瓷质，也有黑色的，常用白色点滴板 2. 有白色沉淀生成的用黑色点滴板 3. 试剂用量为 1~2 滴
木试管夹	用于夹持试管于明火上加热	1. 要从试管底部套上或取下 2. 夹在距试管口约 1/3 处 3. 加热时，手握试管夹的长柄，不要同时握长柄和短柄 4. 不用时，应放在阴凉、干燥处，以免受潮腐蚀
药匙	由牛角或塑料制成，用于取固体试剂	1. 保持干燥、清洁 2. 取用试剂后，应洗净、干燥后再取用另一种试剂

五、胶头滴管、石棉网、试管架、移液管架

胶头滴管、石棉网、试管架、移液管架的用途、使用方法与注意事项见表1-6。

表 1-6　胶头滴管、石棉网、试管架、移液管架的用途、使用方法与注意事项

仪器	用途	使用方法与注意事项
胶头滴管	移取液体试剂	1. 滴加时,滴管要垂直于容器正上方,避免倾斜、倒立 2. 不可伸入容器内部,不可触碰容器壁。除吸取液体外,管尖不能接触其他器物,以免沾污杂质 3. 普通滴管用时需要清洗,而专用滴管不可清洗,需专管专用,用完放回试剂瓶 4. 使用时不要只用拇指、食指捏胶头部位,需中指和无名指同时夹住玻璃管部上端
石棉网	加热时垫上石棉网,使受热物体均匀受热	1. 不能与水接触,以免石棉脱落或铁丝生锈 2. 加热时火焰应位于中间石棉部位
试管架	1. 放置试管 2. 晾干试管	1. 避免碰撞,以免变形 2. 避免沾染油污与试剂
移液管架	1. 放置移液管 2. 晾干移液管	1. 避免碰撞,以免变形 2. 避免沾染油污与试剂

六、蒸发皿、表面皿、坩埚、坩埚钳

蒸发皿、表面皿、坩埚、坩埚钳的用途、使用方法与注意事项见表1-7。

表 1-7 蒸发皿、表面皿、坩埚、坩埚钳的用途、使用方法与注意事项

仪器	用途	使用方法与注意事项
陶瓷蒸发皿 玻璃蒸发皿	1. 用于溶液的蒸发、浓缩和结晶 2. 焙干物质	1. 耐高温,不能骤冷 2. 可直接加热,蒸发溶液时,宜放在石棉网上加热 3. 盛放液体的量不宜超过容量的2/3
表面皿	1. 覆盖烧杯或蒸发皿 2. 用作点滴反应器皿 3. 晾干晶体	1. 不能直接加热 2. 不能当蒸发皿用
坩埚	1. 灼烧固体物质 2. 也可用于溶液的蒸发、浓缩或结晶	1. 可直接用火灼烧至高温,不宜骤冷 2. 坩埚受热时需放在泥三角上 3. 灼热的坩埚应用坩埚钳夹取,不能直接放在桌上,应垫上石棉网 4. 蒸发时要搅拌,将近蒸干时用余热蒸干
坩埚钳	夹取坩埚	1. 使用时坩埚钳必须干净 2. 夹取灼烧的坩埚时,先将钳尖预热,以免坩埚因局部冷却而破裂 3. 用后钳尖应向上放在桌面或石棉网上

七、抽滤装置、通风橱

抽滤装置、通风橱的用途、使用方法与注意事项见表1-8。

表 1-8　抽滤装置、通风橱的用途、使用方法与注意事项

仪器	用途	使用方法与注意事项
抽滤装置	由布氏漏斗、抽滤瓶、真空泵组合而成,常用于减压过滤等实验操作	1. 首次使用一定要加注泵油;加油速度不能太快,防止泵油溢出 2. 当泵运行时,油量应该保持在油窗油位线上下限之间,油位太低会降低泵的性能,太高则会造成油雾喷出
通风橱	用于减少实验者和有害气体的接触	1. 通风橱一般靠墙安装 2. 使用的时候人站或坐于柜前,将玻璃门尽量放低,手通过门下伸进柜内进行实验

项目三　电器设备

一、搅拌设备

搅拌是实验中常见操作,如固体溶解、溶液配制、物料混匀、化学反应等都需要搅拌。搅拌的方法有三种:人工搅拌、磁力搅拌、机械搅拌。人工搅拌一般用玻璃棒完成。下面主要介绍磁力搅拌器、机械搅拌器与涡旋振荡器。

(一)磁力搅拌器

磁力搅拌器(图 1-6)利用磁场的旋转带动磁子的转动。磁子是一小块金属,被一层惰性材料(如四氟乙烯等)包裹,长 10 mm、20 mm 或 30 mm,形状有圆柱形、椭圆形等,可根据实验的规模来选用。磁力搅拌器可以用来搅拌少量液体或是

图 1-6　磁力搅拌器

在密闭条件下的反应,一般都带有加热功能。

(二)机械搅拌器

对于一些黏稠液体或者有大量固体参加或生成反应的搅拌,需选取机械搅拌器(图1-7)。

机械搅拌器主要包括三部分:电动机、搅拌棒和搅拌密封装置。电动机是动力部分,固定在支架上,由调速器调节其转动快慢。搅拌棒与电动机相连,接通电源后,电动机就带动搅拌棒转动而进行搅拌。搅拌密封装置是搅拌棒与反应器连接的装置,它可以使反应在密封体系中进行。搅拌的效率在很大程度上取决于搅拌棒的结构,可根据反应器的大小、形状,瓶口的大小及反应条件的要求,选择较为合适的搅拌棒。

图1-7　机械搅拌器

(三)涡旋振荡器

涡旋振荡器(图1-8)又称回旋振荡器、漩涡混匀器,利用偏心旋转使试管等容器中的液体产生涡流,从而达到使溶液充分混合的效果,可用于振荡试管、离心管、分液漏斗等小容器。

使用以上搅拌设备时,应注意以下几点:

1. 调速时应由低速逐步调至高速,不可在高速挡直接启动,以免引起液体飞溅、磁力搅拌器的磁子跳动。

2. 搅拌不同样品间隙要清洗搅拌棒或磁子,防止交叉污染。

图1-8　涡旋振荡器

3. 设备应保持清洁干燥,不得使液体进入机内,以防引起短路。

4. 使用带加热功能的磁力搅拌器时,必须先开启搅拌,再进行加热。

二、加热设备

化学试剂的处理、化学反应常需要加热。酒精灯用于小剂量物质的低温加热,温度不可精准控制。要实现可控、快速、高温、大量的加热目的,常见的加热设备有可调电炉、加热板、电热套、水浴锅等。

(一)可调电炉

可调电炉(图1-9)采用电炉丝通电发热的原理,适用于多种形式的常规加热,加热温度高、速度快,并能通过旋钮调节加热功率。

使用可调电炉时,应注意以下几点:

1. 加热玻璃或金属器皿时,需在电炉上垫石棉网,防止受热不均导致玻璃器皿破裂,或金属容器触及电炉丝引起短路和

图1-9　可调电炉

触电事故。

2. 电炉凹槽要保持清洁,防止液体溢出或溅落;要及时清除燃烧焦烟物,清除时必须断电。

3. 连续使用时间不宜过长,以免影响其使用寿命。

(二)加热板

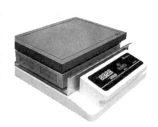

加热板(图1-10)是在加热器外包裹一层材料,使加热时产热更均匀、加热面积更大。常见的包裹材料有金属板、玻璃纤维、陶瓷及其他特殊防腐耐热材料。加热板可实现精确控温、恒温控制,加热具有使用安全、不易变形、使用长久等特点,用于常规加热及水解、烘薄层板等控温加热。

使用加热板时,应注意以下几点:

图 1-10　加热板

1. 溢出或溅落的液体,应及时清理,防止腐蚀加热台面。

2. 有防腐蚀涂层的台面,应防止硬物划伤涂层,使基材失去保护。

3. 玻璃纤维、陶瓷加热板,应防止硬物碰撞,导致面板破裂。

(三)电热套

电热套(图1-11、图1-12、图1-13、图1-14)由无碱玻璃纤维和金属加热丝编织的半球形加热内套和控制电路组成,多用于玻璃容器的精确控温加热,如回流反应。其半球形的加热外形,使容器受热面积大大增加,并可带磁力搅拌功能。

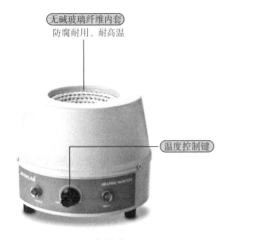

图 1-11　电热套

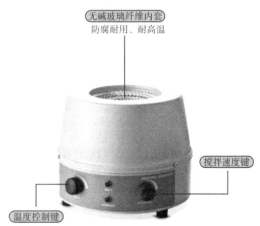

图 1-12　电热套(带磁力搅拌功能)

使用电热套时,应注意以下几点:

1. 第一次使用时,套内有白烟和异味冒出,颜色由白色变为褐色再变成白色属于正常现象,因玻璃纤维在生产过程中含有油质及其他化合物。应放在通风处通电排烟,数分钟后消失,即可正常使用。

2. 加热套和烧瓶的尺寸要匹配,尽可能避免加热套被化学试剂污染,以免化学试剂

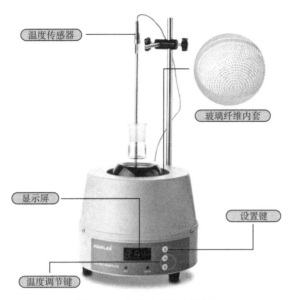

图 1-13　电热套(温度数显)

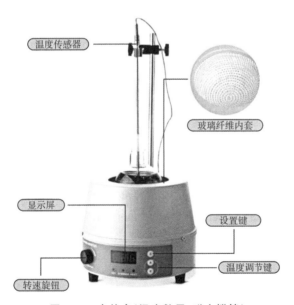

图 1-14　电热套(温度数显、磁力搅拌)

受热分解,散发有毒气体。

3.液体溢入套内时,应迅速关闭电源,将电热套放在通风处,待干燥后方可使用,以免漏电或电器短路

4.使用带磁力搅拌的电热套时,搅拌速度应由低速逐步调至高速,不可在高速挡直接启动,以免磁子跳动撞碎玻璃器皿,导致液体外漏,损坏加热套。

（四）水浴锅

当被加热的试剂要求受热均匀、温度不超过 100 ℃时，可以使用水浴锅（图 1-15）加热，常用于蒸发、干燥、浓缩、恒温加热等。

图 1-15　水浴锅

使用水浴锅时，应注意以下几点：

1. 必须先加水，再加热，避免干烧损坏加热管。

2. 水浴锅内可使用洁净的自来水，最好用纯化水，以避免产生水垢。若长期不用，应排净锅内的水。

3. 加水不可太多，以免水沸腾时溢出锅外。

4. 锅内水量不要低于 1/2，不可使加热管露出水面，以免烧坏加热管。

使用以上加热设备时，还应注意以下几点：

1. 加热后的玻璃器皿不得直接放在实验台上或水中冷却，防止因温差过大导致破裂。

2. 试剂加热后须戴耐热手套或夹具取放，防止烫伤。

3. 使用加热设备时，必须有人值守。出现意外情况，应立即切断电源，不得触摸设备。

4. 最好在通风橱内进行加热操作，防止吸入有毒气体和酸雾。

5. 严禁在加热设备旁放置或使用易燃试剂。

三、烘箱

烘箱是实训室常见的大中型加热设备，可精确控温、定时加热、程序加热，可根据实际需要，使用不同类型的烘箱设备。常见的烘箱类设备有鼓风干燥箱、真空干燥箱、高温炉等。

（一）鼓风干燥箱

鼓风干燥箱（图 1-16）一般由箱体、电热系统、自动控温系统和送风系统 4 部分组成。通过电源使电热管加热，并通过电机风道送风，使烘箱内部温度达到均匀。适用于 300 ℃以下的加热、干燥等，如去除对热较稳定样品中的水、结晶水及其他挥发性

图 1-16　鼓风干燥箱

物质。

　　鼓风干燥箱使用安全简便,只需将样品放入干燥箱内,关好箱门,设定所需温度运行即可。

　　使用鼓风干燥箱时,应注意以下几点:

　　1. 保持箱体内洁净。

　　2. 样品放置不宜太密,不要放在正对出口的位置,以免样品被吹散。

　　3. 样品应平铺在容器内,不要铺得过厚。

　　4. 禁止加热易燃、易爆、易挥发及有腐蚀性的物品。

　　5. 不要将不同的样品同时干燥,防止交叉污染。

　　6. 当需要观察箱体内样品情况时,可透过玻璃窗观察,尽量少开箱门,以免影响恒温。特别是在温度较高时,开启箱门有可能使玻璃窗骤冷而破裂。

　　7. 为防止烫伤,取样品时要使用隔热工具。

　　8. 干燥后的样品应及时转移至放有干燥剂的干燥器内(防止吸收空气中的水分),待冷却至室温后再进行下一步处理。一般冷却需 30～60 min。

　　(二)真空干燥箱

　　真空干燥箱(图 1-17)是为干燥热敏性、易分解和易氧化物质而设计的。其外形和结构与鼓风干燥箱基本相同。与鼓风干燥箱不同的是,真空干燥箱需与真空泵联合使用,可将箱体内的空气抽尽,保持一定的真空度,去除样品中的水、结晶水及其他易挥发性物质。压力一般在 2.67 kPa 以下。

图 1-17　真空干燥箱

在使用真空干燥箱时,除和鼓风干燥箱相同的注意事项之外,还需注意以下几点:

　　1. 箱体内应放置干燥剂,最常用的是五氧化二磷。

　　2. 五氧化二磷易呈粉末状,在空气中极易潮解,有接触有机物而引起燃烧的危险。

受热或遇水分解放热，放出有毒的腐蚀性烟气。若表面因吸潮有结皮现象，应除去结皮物。吸潮失效后的五氧化二磷呈透明液体状，应妥善处置，切不可直接倒入下水道。

3. 禁止使用中空玻璃器皿，如中空的称量瓶盖，防止抽真空后玻璃器皿破裂。

4. 必须先抽真空再升温加热。因为真空箱的密封性好，若先加热，会使箱体内气体预热膨胀，可能使观察窗的玻璃爆裂。

5. 真空干燥箱加热应缓慢。加热后真空干燥箱应冷却至室温后再解除真空，解除真空应缓慢进行，以防止样品飞溅。

（三）高温炉

高温炉（图 1-18）又称马弗炉、电阻炉，温度一般能达到 1 000 ℃，高的能达到 1 800 ℃，用于燃烧灰化样品以测定其灰分及残留的重金属等。

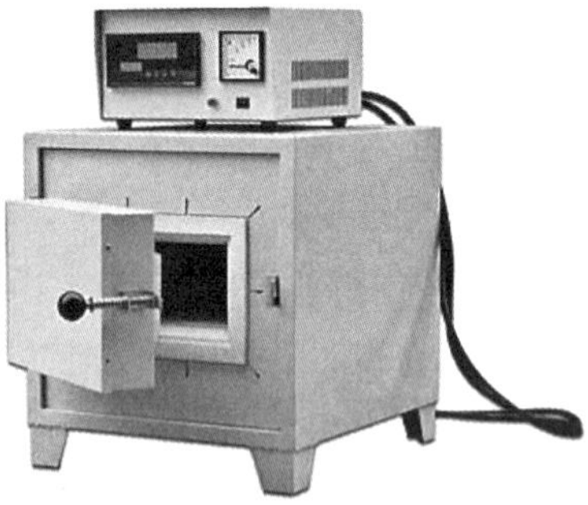

图 1-18　高温炉

高温炉工作温度非常高，一般的容器不能置于高温炉内，常用的容器为磁坩埚。

高温炉在使用时，应注意以下几点：

1. 高温炉电功率较大，应注意电路安全。

2. 温度超过 600 ℃后不得立即打开炉门，防止炉膛内壁及坩埚因骤冷破裂，应等炉膛内温度自然冷却后再开炉门。

3. 坩埚应使用坩埚钳取放。在夹取热坩埚前，应先将坩埚钳在炉膛内预热，再夹取坩埚，防止坩埚钳和坩埚温差过大，导致坩埚破裂。

4. 坩埚放置不宜过密，数量不可过多。

5. 样品放入炉膛加热前，务必完全炭化并除尽试剂，防止样品产生烟尘和酸气，污染、腐蚀炉膛。

6. 样品含有碱金属或氟元素时，可腐蚀瓷坩埚，应使用铂坩埚。在高温条件下夹取热铂坩埚时，宜用包有铂层的坩埚钳。

7. 取出坩埚后，应及时转移至放有干燥剂的带放气口的干燥器冷却至室温，一般需 1 h。

8. 坩埚放冷后干燥器内易形成负压，应小心缓慢开启排气阀，并防止气流吹散坩埚内的轻质残渣。

四、超声波清洗机与真空泵

（一）超声波清洗机

超声波的频率在 20 kHz 以上,由于频率高、波长短,因而传播的方向性好,穿透能力强,被设计制作成超声波清洗机(图 1-19)。

图 1-19　超声波清洗机

超声波清洗机由超声波发生器和清洗槽构成,清洗槽内盛放水或其他清洗液。超声波发生器产生的超声波能使清洗液产生大量直径为 $50\sim500\ \mu m$ 的微小气泡,并且气泡迅速增大,然后突然闭合,可形成超过 1 000 个大气压的瞬间高压,从而产生冲击波,破坏不溶性污物,使污物分散于清洗液中,起到清洗净化的作用。超声波清洗机可对眼镜、首饰进行高效无损清洗,清洗餐具不仅效果好,还有杀灭病毒的作用。

超声波清洗机也可作为超声波提取设备。超声波能使介质产生高频振荡,可使细胞破碎、有效成分呈游离状态并溶入提取溶媒,加速溶合、混合。这种提取方法比传统工艺效率提高 $50\%\sim500\%$,提取时间缩短 2/3 以上。同时因其提取温度低,对遇热不稳定、易水解或氧化的中药材具有保护作用。

使用超声波清洗机时,需注意以下几点:

1. 严禁无清洗液开机。有加热功能的清洗设备无液时严禁打开加热开关。

2. 禁止撞击清洗缸底部,以免零部件受损。

3. 清洗槽要定期冲洗,不得有杂物或污垢。

4. 超声清洗玻璃器皿前需检查其是否有裂纹,防止因超声振动使裂纹扩大、器皿破碎。

5. 连续超声清洗时间不可过长,防止零部件过热损坏。

6. 长期不用时,应排尽清洗液,并用水冲净清洗槽。

（二）真空泵

真空泵是对被抽容器进行抽气而获得真空的设备。实训室常见的真空泵有无油真空泵(图 1-20)和循环水式真空泵(图 1-21),常用于真空干燥箱、抽滤瓶、旋转蒸发器等。

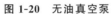

| 图 1-20　无油真空泵 | 图 1-21　循环水式真空泵 |

　　无油真空泵是一种无须任何油进行润滑即能运转工作的机械真空泵。它体积小巧，使用方便，维护简单，常用于布氏漏斗抽滤、高效液相流动相过滤。在抽滤时，应防止液体被抽进泵体，造成泵腔污染，降低抽气效果。也不可长时间连续使用，防止零件过热损坏。

　　循环水式真空泵的工作介质是水，当泵内的叶轮旋转时，水在离心力的作用下在泵体特殊结构内产生"液体活塞"作用，达到抽气效果。使用时需注意保持水的洁净。长时间连续工作时，水箱内的水温会升高，影响真空度，此时可将放水软管与自来水接通，溢水嘴作为排水出口，适当控制自来水水量，即可保持水箱内水温不升，使真空度稳定。

五、水的净化设备

　　本部分主要介绍制备蒸馏水和超纯水的设备。

（一）电热蒸馏水器

　　电热蒸馏水器主要有不锈钢电热蒸馏水器、石英蒸馏水器两种类型。二者净化水原理基本相同，均由蒸发器、冷凝器、电气装置组成。其中不锈钢电热蒸馏水器产水量较大，有5 L/h、10 L/h、20 L/h 等规格，多用于用水量较大的实验室或工业生产。石英蒸馏水器产水量较小，但水质较不锈钢电热蒸馏水器好。根据蒸馏次数不同，又可分为单重蒸馏水器（图 1-22）、双重蒸馏水器（图 1-23）、三重蒸馏水器（图 1-24）等。蒸馏次数越多，水质越好。

图 1-22　单重蒸馏水器

图 1-23　双重蒸馏水器

图 1-24　三重蒸馏水器

电热蒸馏水器结构较简单,只需按说明书指示操作即可。使用时需注意以下几点:

1. 先通水,后通电。切勿在蒸发器无水的情况下空烧,以免造成设备损坏。如遇断水或断电,首先关闭电源。

2. 长期使用后,会产生水垢,需定期用弱酸溶液浸泡,如 20% 硝酸溶液,然后用自来水及去离子水冲洗。清洗时切勿用力过猛,以免损坏零件。

3. 防止烫伤。

(二)超纯水机

1. 制水流程

超纯水机(图 1-25)大致分为预处理、反渗透、超纯化、超滤 4 个单元。

图 1-25　超纯水机

源水先通过内有精密滤芯和活性炭滤芯的预处理单元,去除水中较大的颗粒、悬浮物及部分有机物。然后进入反渗透单元,反渗透膜对水中的离子物质和大分子物质(如病毒、微生物等)进行截留性去除。再经过纯化柱和超纯化单元,对残余的微少离子进行纯化和超纯化,使水中的离子含量降低到极低水平。最后通过紫外线杀菌、超滤等技术确保超纯化水中的微生物、有机物和热源满足各类实验应用需求。

衡量实验用水是否达到超纯水级别的一个重要标准是电导率。电导率是表征物体导电能力的物理量,其值为物体电阻率的倒数。水的纯度越高,电导率越低。当水中除了 H^+

和OH$^-$,不含其他任何离子时,水的电导率最低值是 0.055 μS/cm,电阻率为 18.2 MΩ·cm。

2. 使用注意事项

(1)超纯水机的精密滤芯、活性炭滤芯、反渗透膜、纯化柱都是具有使用寿命的耗材,所以在使用超纯水机时,使用纯水作为源水,尽量不要使用自来水,以减轻耗材的负担,延长使用寿命。

(2)很多超纯水机自带测定电阻率功能,当设备开机自检显示电阻率为 18.2 MΩ·cm 时,才能接取超纯水。开机自检不通过,或电阻率达不到 18.2 MΩ·cm,则应检查耗材是否失效。

(3)接取超纯水时,应将容器紧靠出水口,避免因超纯水与空气接触而溶入空气及微尘等杂质,并使水流沿容器壁流入容器,避免因水流冲击产生气泡。

(4)超纯水应临用新取,不宜存放过久。

3. 维护保养

超纯水机的维护保养主要是耗材的更换。精密滤芯和活性炭滤芯实际上是对反渗透膜的保护,精密滤芯和活性炭滤芯应定期更换,如超期使用,则反渗透膜的负荷加重,产生的纯水水质就下降,并加重纯化柱的负担,缩短纯化柱的寿命,最终增加了超纯水机的使用成本。

耗材的使用寿命取决于超纯水的使用量。根据经验数据统计,精密滤芯的寿命一般在 3～6 个月,新的滤芯是白色的,随着使用时间增加而变黑;活性炭滤芯一般 1 年左右达到饱和吸附,需要更换;反渗透膜的寿命为 2～3 年;纯化柱是否失效,最直观的判断依据是电阻率是否低于 18.2 MΩ·cm。

一些对水质要求严苛的高端实验才使用超纯水,如高效液相色谱、元素分析等,一般的理化实验不需要使用超纯水。

第二部分　基本操作

模块一　无机化学实训基本操作

项目一　氯化钠的提纯

一、实训任务

1. 掌握氯化钠提纯的原理和方法。

2. 掌握称量、溶解、过滤、蒸发、结晶、干燥等基本操作,学会托盘天平、量筒、研钵、蒸发皿、漏斗等仪器的使用方法。

3. 了解药物提纯工艺设计流程。

二、实训原理

制备药用氯化钠的原料粗盐中含有不溶性杂质和可溶性杂质。

不溶性杂质(如泥沙等)可以直接过滤除去。

可溶性杂质(如 SO_4^{2-}、Ca^{2+}、Mg^{2+}、K^+ 等)可用以下方法除去:

1. SO_4^{2-} 的除去:在粗盐溶液中加入稍过量的 $BaCl_2$ 溶液,生成 $BaSO_4$ 沉淀。

$$Ba^{2+} + SO_4^{2-} \Longrightarrow BaSO_4 \downarrow$$

基础化学实训

2. Ca^{2+}、Mg^{2+}、过量 Ba^{2+} 的除去:向过滤后的溶液中加入 $NaOH$-Na_2CO_3 混合溶液,生成$CaCO_3$、$Mg(OH)_2$、$BaCO_3$ 沉淀,过滤除去。

$$Ca^{2+}+CO_3^{2-}=\!=\!=CaCO_3\downarrow$$
$$Mg^{2+}+2OH^-=\!=\!=Mg(OH)_2\downarrow$$
$$Ba^{2+}+CO_3^{2-}=\!=\!=BaCO_3\downarrow$$

在滤液中加稀盐酸中和过量的混合碱并使之显弱酸性,可除去上步引入的OH^-、CO_3^{2-}。

$$H^++OH^-=\!=\!=H_2O$$
$$2H^++CO_3^{2-}=\!=\!=H_2O+CO_2\uparrow$$

3. 少量可溶生杂质(如 K^+)由于含量很少,在最后的蒸发浓缩和结晶过程中仍留在母液中,而与 $NaCl$ 分离。

三、仪器与试剂

仪器:烧杯、玻璃棒、量筒、布氏漏斗、普通漏斗、铁架台、铁圈、石棉网、托盘天平、蒸发皿、电热套、烘箱、研钵、滤纸、pH 试纸。

试剂:粗盐、$BaCl_2$ 溶液(1 mol/L)、Na_2CO_3 溶液(1 mol/L)、稀盐酸(2 mol/L)、HAc(2 mol/L)、$NaOH$ 溶液(2 mol/L)、饱和$(NH_4)_2C_2O_4$ 溶液、95％乙醇、镁试剂(对硝基苯偶氮间苯二酚)。

四、实训步骤

(一)称量、溶解

1. 称量(图 2-1)

取适量粗盐,置于研钵中研成粉末状,称取研细的粗盐 8 g(准确到 0.1 g),倒入小烧杯(100 mL)中。

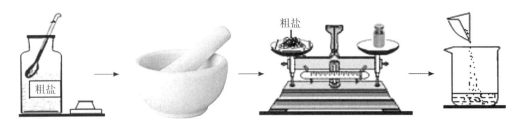

图 2-1　称量流程

2. 溶解(图 2-2)

加入 40 mL 蒸馏水,加热,用玻璃棒搅拌,使其完全溶解。

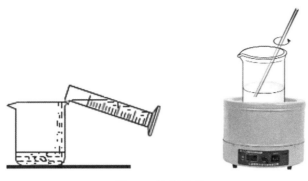

图 2-2 溶解流程

(二)除去SO_4^{2-}

1. 沉淀SO_4^{2-}

加热粗盐溶液至近沸,不断搅拌,同时加入 1 mol/L $BaCl_2$ 溶液数十滴,静置几分钟,沿烧杯壁加 1~2 滴 1 mol/L $BaCl_2$ 溶液,至上层清液无沉淀,表示沉淀完全。继续加热几分钟,使颗粒增大易于过滤。

2. 减压过滤

减压过滤装置(图 2-3)由真空泵、抽滤瓶、布氏漏斗组成。过滤前应检查水泵是否完好(检查方法:通电前表指针为零,通电后用手压住真空泵的抽真空橡皮管,指针不为零则可用)。

图 2-3 减压过滤装置

抽滤后弃去布氏漏斗中的沉淀物,保留滤液。将抽滤瓶中的滤液倒入干净的烧杯中。

(三)除去Ca^{2+}、Mg^{2+}、过量的Ba^{2+}

在滤液中加 1 mL 2 mol/L NaOH 溶液和 3 mL 1 mol/L Na_2CO_3 溶液,待沉淀沉降后,沿烧杯壁再补加 1~2 滴 Na_2CO_3 溶液,若仍浑浊可继续补加,直至沉淀完全。减压过滤。

(四)除去OH^-、CO_3^{2-}

滴加 2 mol/L HCl,边加边用 pH 试纸测试溶液的酸碱性,至溶液 pH 为 4~5 为止。

（五）蒸发浓缩

蒸发装置（图 2-4）由电热套、蒸发皿、玻璃棒组成。将调好 pH 的溶液倒入洁净的蒸发皿中（注意：滤液不能超过蒸发皿容积的 2/3），电热套加热蒸发，边搅拌边加热蒸发，当有颗粒物出现时，搅拌速度加快，滤液倾入洁净的蒸发皿中并用玻璃棒不断搅拌。当加热浓缩溶液至稠粥状时（切不可使溶液蒸发至干），关闭电热套电源。

图 2-4　蒸发装置

将稠粥状结晶溶液减压过滤，过滤中用少量 95％乙醇淋洗结晶，抽干。

（六）烘干、冷却、称重

将布氏漏斗上的结晶转移至烘箱中控制 105 ℃±3 ℃烘 5 min 左右。冷却，将晶体转移至干净的白纸上，称量提纯后氯化钠的质量。

（七）产品纯度检验

称取粗盐和提纯的氯化钠各 1 g，分别溶于 5 mL 纯化水中，然后将两种溶液分别分成三等份于 6 支试管中，组成 3 组对比实验。

1. SO_4^{2-} 的检验

在第一组溶液中，分别加入 2 滴 2 mol/L HCl 和 2 滴 1 mol/L $BaCl_2$ 溶液，比较 2 个试管中沉淀产生的情况。

2. Ca^{2+} 的检验

在第二组溶液中，分别加入 2 滴 2 mol/L HAc 和 3～4 滴饱和 $(NH_4)_2C_2O_4$ 溶液，比较 2 个试管中沉淀产生的情况。

3. Mg^{2+} 的检验

在第三组溶液中，分别加入 2 滴 2 mol/L NaOH 溶液和 3～4 滴镁试剂，若有天蓝色沉淀生成，表示有 Mg^{2+} 存在，比较 2 个试管中沉淀产生的情况。

（八）结果记录

产品的产率计算及纯度检验见表 2-1 和表 2-2。

表 2-1 产品的产率计算

粗盐的质量/g	提纯后氯化钠的质量/g	产率/%

表 2-2 产品的纯度检验

待测离子	检验方法	现象	
		粗盐溶液	提纯后的氯化钠溶液
SO_4^{2-}	加 $BaCl_2$ 溶液		
Ca^{2+}	加 $(NH_4)_2C_2O_4$ 溶液		
Mg^{2+}	加 NaOH 溶液和镁试剂		

五、注意事项

1. 除去杂质的沉淀过滤步骤中,洗涤沉淀的溶液不得太多,否则后续浓缩困难。
2. 除杂质时,溶液要保持在热的情况下,最后滴加沉淀剂时不要搅拌。
3. 如过滤后的滤液浑浊,可增加一层滤纸再重新过滤。
4. 烧杯、抽滤瓶、蒸发皿、布氏漏斗要洗干净后使用。

六、问题与讨论

1. 减压过滤比普通过滤具有哪些优势? 什么情况下使用较好?
2. 粗盐中的 SO_4^{2-}、Ca^{2+}、Mg^{2+}、Ba^{2+} 是怎样被除去的? 泥沙是在哪步中被除去的?

氯化钠的提纯(简版)

一、实训任务

1. 学习使用托盘天平、量筒、研钵、漏斗等仪器。
2. 通过粗盐提纯的练习,掌握溶解、过滤、蒸发、结晶等基本操作。

二、实训原理

利用粗盐进行氯化钠的提纯主要有称量、溶解、过滤、蒸发、转移 5 个步骤。溶解时,

按粗盐在水中的溶解度,量取适量的水进行溶解。溶解过程中要用玻璃棒不断搅拌,以加速溶解。过滤时,应选用大小合适的漏斗和滤纸,并使滤纸湿润地紧贴在漏斗内壁上,然后将准备好的漏斗放在漏斗架上,调节好高度,使漏斗下端紧靠在接收器的内壁,将玻璃棒下端紧靠在3层滤纸的中上部,让液体沿玻璃棒慢慢流入漏斗,漏斗中的液面高度要低于滤纸边缘1 cm左右。过滤完毕,先倾倒滤液,后转移沉淀。蒸发浓缩通常在蒸发皿中进行,因为它的表面积大,有利于加速蒸发。使用蒸发皿时,应注意加入的液体的量不能超过蒸发皿容积的2/3,以防加热时液体溅出。如果液体的量较多,应该分次加入。蒸发皿耐高温,但不宜骤冷。蒸发过程中应不断搅拌,防止液体飞溅。

三、仪器与试剂

仪器:烧杯、玻璃棒、量筒、普通漏斗、铁架台、铁圈、石棉网、托盘天平、蒸发皿、电热套、研钵、滤纸。

试剂:粗盐。

四、实训步骤

(一)称量

称取7 g粗盐,置于研钵中研成粉末状,称取研细的粗盐5 g(准确到0.1 g),倒入小烧杯(100 mL)中。

(二)溶解

加入30 mL蒸馏水,加热,用玻璃棒搅拌,使其完全溶解。

(三)过滤

取一张大小适当的圆形滤纸,先折成半圆,然后再折成四等份,打开后呈圆锥形。把圆锥形滤纸尖端向下放入漏斗中,滤纸上边缘应低于漏斗边缘约5 mm,然后用手压紧滤纸,用蒸馏水湿润滤纸,使其全部紧贴在漏斗内壁,不留气泡。把漏斗放在漏斗架上,漏斗下端紧贴在接滤液的洁净烧杯内壁。将粗盐溶液沿玻璃棒缓缓倾倒入漏斗中,玻璃棒下端应轻轻地斜靠在3层滤纸的中上部,先倾倒上清液,后倾倒沉淀,漏斗内液体的液面要低于滤纸上边缘约1 cm。用洁净小烧杯接收滤液。溶解食盐的烧杯用少量蒸馏水洗涤2～3次,洗涤液一并过滤,若滤液仍浑浊,应重新过滤直至滤液澄清,弃去沉淀。

(四)蒸发

将滤液倾入洁净的蒸发皿中(注意:滤液不能超过蒸发皿容积的2/3),电热套加热蒸发,并用玻璃棒不断搅拌。当加热浓缩溶液至稠粥状时(切不可使溶液蒸发至干),关闭电热套电源,利用余热烘干结晶。

（五）转移并称量

冷却，将食盐转移至干净的白纸上。称量提纯的精盐质量，计算产率。

$$产率 = \frac{精盐质量}{粗盐质量} \times 100\%$$

五、问题与讨论

1. 为什么取用试剂时剩余的试剂不能倒回原试剂瓶？
2. 简述实验过程中溶解、过滤、蒸发时的操作方法。

项目二　溶液的配制与稀释

一、实训任务

1. 学会配制一定质量浓度、一定物质的量浓度溶液的基本操作，会进行质量浓度与物质的量浓度的换算。

2. 学会固体试剂的正确取用和液体试剂的正确倾倒，会用固体试剂或较准确浓度的溶液配制较稀准确浓度的溶液。

3. 学会正确使用吸量管、移液管、容量瓶等仪器。

二、实训原理

（一）一定质量浓度溶液的配制

根据公式 $\rho_B = \dfrac{m_B}{V}$ 及所配溶液质量浓度及体积，计算出所需溶质的质量。用托盘天平称取所需质量的溶质，转移至烧杯中，加入少量纯化水使其充分溶解，转移至定容容器中，再加纯化水到需要的体积，混合均匀即可。

（二）一定物质的量浓度溶液的配制

根据公式 $c_B = \dfrac{\frac{m_B}{M_B}}{V}$ 及所配制溶液的物质的量浓度、溶质的摩尔质量、体积，计算出所需溶质的质量。用托盘天平称量所需量固体溶质（或用量筒量取一定量的液体溶质，溶质为液态可由其质量及密度计算出其体积）。将所取溶质放入烧杯中，加入少量的纯化水搅动使其完全溶解后，转移至定容容器中，用纯化水稀释至所需体积，混合均匀即得所需浓度溶液。

（三）溶液的稀释

根据溶液稀释前后溶质的量不变，浓溶液中加入溶剂稀释，利用公式 $c_1V_1 = c_2V_2$，根据所配浓溶液的浓度及所配制稀溶液的浓度、体积，计算出所需浓溶液的体积，然后用量筒量取一定体积的浓溶液，再加纯溶剂到需要配制的稀溶液的体积，混合均匀即得。

三、仪器与试剂

仪器：托盘天平、称量纸、量筒（50 mL、10 mL）、烧杯（200 mL、50 mL）、容量瓶（50 mL、100 mL）、10 mL 移液管、玻璃棒、吸耳球、药匙、胶头滴管、吸量管。

试剂：固体 NaCl、浓硫酸、112 g/L 乳酸钠溶液、0.95 药用酒精。

四、实训步骤

（一）溶液的配制

1. 一定质量浓度溶液的配制

用 NaCl 固体配制 100 mL 生理盐水（9 g/L NaCl 溶液）：

（1）计算：计算出配制 100 mL 9 g/L 生理盐水所需 NaCl 的质量。

（2）称量：在托盘天平上称出所需质量的 NaCl。

（3）溶解：将称得的 NaCl 放入 100 mL 烧杯中，加入少量纯化水将其溶解。

（4）转移：将烧杯中溶液沿玻璃棒转移至 100 mL 容量瓶中，用少量纯化水冲洗烧杯和玻璃棒 2～3 次，洗液也转移到容量瓶中。

（5）定容：继续向容量瓶中加入蒸馏水至近刻度线 1 cm 处，改用滴管滴加纯化水至凹液面最低处与刻度线相切。

（6）混匀：盖好容量瓶塞，反复颠倒摇匀。

将配好的溶液倒入指定的回收瓶。

2. 一定物质的量浓度溶液的配制

用市售浓硫酸配制 50 mL 3 mol/L 硫酸溶液：

（1）计算：计算出配制 50 mL 3 mol/L 硫酸溶液需要密度 1.84 kg/L、质量分数 $\omega_B = 0.98$ 的浓硫酸的体积。

（2）量取：用干燥的 10 mL 量筒或量杯量取所需体积的浓硫酸。

（3）稀释：取一只烧杯盛约 20 mL 蒸馏水，将浓硫酸缓缓倒入烧杯中，边倒边搅拌，待溶液冷却至室温。

（4）转移：将烧杯中已冷却的溶液在玻璃棒引流下倒入 50 mL 容量瓶中，用少量蒸馏水洗涤烧杯及玻璃棒 2～3 次，洗液也应倒入容量瓶中。

(5)定容:向上述容量瓶中加蒸馏水至离刻度线约 1 cm 处,改用胶头滴管加水至刻度线处。

(6)混匀:盖好容量瓶塞,反复颠倒摇匀。

将所配好的溶液倒入指定的回收瓶中。

（二）溶液的稀释

1. 将 112 g/L 的乳酸钠溶液稀释成 $\frac{1}{6}$ mol/L 乳酸钠溶液 50 mL

(1)计算:计算出配制 50 mL $\frac{1}{6}$ mol/L 乳酸钠溶液需用 112 g/L 乳酸钠溶液的体积。

(2)移取、转移:用 10 mL 吸量管吸取所需体积的 112 g/L 乳酸钠溶液(吸管要用待取液润洗 2～3 次),并转移至 50 mL 容量瓶中。

(3)定容:向容量瓶中加蒸馏水至离刻度线约 1 cm 处,改用胶头滴管滴加蒸馏水至容量瓶刻度线处。

(4)混匀:盖好容量瓶塞,混匀。

将配好的溶液倒入指定的回收瓶。

2. 用市售 $\varphi_B = 0.95$ 的药用酒精配制 50 mL $\varphi_B = 0.75$ 的消毒酒精

(1)计算:计算出配制 50 mL $\varphi_B = 0.75$ 酒精需要 $\varphi_B = 0.95$ 医用酒精的体积。

(2)量取:用 50 mL 量筒量取所需体积的 $\varphi_B = 0.95$ 医用酒精。

(3)转移:将量筒中溶液沿玻璃棒转移至 50 mL 容量瓶中,用少量纯化水冲洗烧杯和玻璃棒 2～3 次,洗液也转移到容量瓶中。

(4)定容:继续向容量瓶中加入蒸馏水至近刻度线 1 cm 处,改用胶头滴管滴加纯化水至凹液面最低处与刻度线相切。

(5)混匀:盖好容量瓶塞,反复颠倒摇匀。

将配好的溶液倒入指定的回收瓶中。

五、问题与讨论

1. 在用固体试剂配制溶液时,为什么要将洗涤液也倒入定容容器?

2. 为什么配制硫酸溶液时要将浓硫酸慢慢加入水中并不断搅拌,而不能将水倒入浓硫酸中?

项目三 化学反应速率与化学平衡

一、实训任务

1. 验证浓度、温度和催化剂对化学反应速率的影响。

2. 学会浓度和温度对化学平衡的影响的实验操作。

二、实训原理

(一)影响化学反应速率的因素

影响化学反应速率的因素包括外因和外因。内因指由于反应物的组成、结构和性质的不同,反应的活化能不同,从而导致化学快慢的不同。内因是影响化学反应速率的决定因素。外因有很多,但主要有浓度、压强、温度、催化剂等。

1. 浓度对化学反应速率的影响

当其他条件不变时,增大反应物的浓度,反应速率加快;减小反应物的浓度,反应速率降低。

2. 压强对化学反应速率的影响

压强只对有气体参加的化学反应的反应速率有影响。当其他条件不变时,增大压强,化学反应的速率增大;减小压强,化学反应速率减小。

3. 温度对化学反应速率的影响

升高温度,化学反应速率增大;降低温度,化学反应速率减小。当其他条件不变时,温度每升高 10 ℃,化学反应速率增大到原来的 2~4 倍。

4. 催化剂对化学反应速率的影响

能加快反应速率的叫正催化剂,其作用为正催化作用;降低反应速率的叫负催化剂,也称阻化剂,其作用为负催化作用。一般提及的催化剂指的是正催化剂。加入催化剂,降低了化学反应的活化能,化学反应速率加快。

(二)影响化学平衡的因素

影响化学平衡的因素主要有浓度、压强和温度。

勒夏特列原理(平衡移动原理):改变影响平衡的任一条件(如浓度、压强或温度),平衡就向着减弱这种改变的方向移动。

1. 浓度对化学平衡的影响

当其他条件不变时,增大反应物的浓度或减小生成物的浓度,平衡向正反应方向(或向右)移动;增大生成物的浓度或减小反应物的浓度,平衡向逆反应方向(或向左)移动。

2. 压强对化学平衡的影响

压强只对有气态物质参加且反应前后气体分子总数不等的可逆反应的平衡体系有影响。在其他条件不变的情况下,增大压强,化学平衡向着气体分子数减少的方向移动;减小压强,化学平衡向着气体分子数增加的方向移动。

3. 温度对化学平衡的影响

对吸热反应,温度升高,会使化学平衡向右移动;降低温度,会使化学平衡向左移动。对放热反应,情况正好相反,升高温度,平衡向左移动;降低温度,平衡向右移动。

三、仪器与试剂

仪器:试管、温度计、烧杯、秒表、量筒、酒精灯、铁架台、二氧化氮平衡球。

试剂:二氧化锰;$\rho_B=30$ g/L 过氧化氢溶液;0.1 mol/L 溶液:硫代硫酸钠、硫酸、三氯化铁、硫氰化钾;NO_2、N_2O_4 混合气体;冰水。

四、实训步骤

(一)浓度对化学反应速率的影响

取 2 支试管,1 支加入 2 mL 0.1 mol/L 硫代硫酸钠溶液,用蒸馏水稀释至 6 mL,充分振荡混匀;另 1 支加入 6 mL 0.1 mol/L 硫代硫酸钠溶液。再另取 2 支试管各加入 2 mL 0.1 mol/L硫酸溶液,然后将硫酸溶液分别同时注入前 2 支试管内,充分振荡,观察浑浊现象出现的快慢,说明原因。

$$Na_2S_2O_3+H_2SO_4 \Longrightarrow Na_2SO_4+S\downarrow+SO_2\uparrow+H_2O$$

(二)温度对化学反应速率的影响

取 2 支试管,分别加入 3 mL 0.1 mol/L 硫代硫酸钠溶液。另取 2 支试管,各加入 2 mL 0.1 mol/L硫酸溶液。将试管分成 2 组,每组均有硫代硫酸钠溶液和硫酸溶液的试管各 1 支。

记下实验室的温度,然后将第 1 组的 2 支试管溶液混合在一起,在表 2-3 中记下自溶液开始混合到溶液出现浑浊所需的时间。

表 2-3 温度对化学反应速率的影响记录

组别	硫代硫酸钠溶液	硫酸溶液	反应温度	出现浑浊所需时间	结论
1	3 mL	2 mL	室温		
2	3 mL	2 mL	比室温高 20 ℃		

将第 2 组的 2 支试管都放在盛有水的烧杯中,加热,使水的温度比室温高 20 ℃,将 2 支试管中的溶液混合。将盛有混合液的试管仍放入热水中,并保持原来的温度。在表 2-3 中记下溶液出现浑浊所需的时间。

根据实验结果,说明温度对化学反应速率的影响。

(三)催化剂对化学反应速率的影响

取 1 支试管,加入 1 mL $\rho_B=30$ g/L 过氧化氢溶液,观察是否有气体生成,然后加入少量二氧化锰粉末,再观察是否有气体生成,并用带火星的木条检验产生的气体。

$$2H_2O_2 \xrightarrow{MnO_2} 2H_2O+O_2\uparrow$$

（四）浓度对化学平衡的影响

在烧杯中加入蒸馏水 25 mL,然后滴加 0.1 mol/L 三氯化铁溶液和 0.1 mol/L 硫氰化钾溶液各 5 滴,混合均匀,溶液呈血红色。

$$FeCl_3 + 6KSCN \Longrightarrow K_3[Fe(SCN)_6](血红色) + 3KCl$$

将以上溶液放入 3 支试管中,每支 5 mL,在第 1 支试管中滴加 0.1 mol/L 三氯化铁溶液 2 滴,第 2 支试管中滴加 0.1 mol/L 硫氰化钾溶液 2 滴,第 3 支试管留作比较,充分摇匀,然后比较前 2 支试管中溶液的颜色变化。根据实验结果,说明反应物浓度的改变对化学平衡移动的影响。

（五）温度对化学平衡的影响

取 1 个二氧化氮平衡球(图 2-5),里面盛有 NO_2 与 N_2O_4 达到平衡的混合气体。

$$2NO_2(红棕色) \Longrightarrow N_2O_4(无色)$$

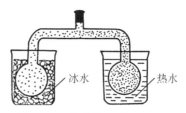

冰水　　　热水

图 2-5　二氧化氮平衡球

该反应的正反应是放热反应。将其中一个玻璃球浸入盛有热水的大烧杯中,数分钟后,与另一个玻璃球比较,观察气体颜色的变化。再把这个玻璃球浸入盛有冰水的大烧杯中,数分钟后,再与另一个玻璃球比较,观察气体颜色的变化,解释原因。

五、问题与讨论

1. 影响化学反应速率的外界因素有哪些?
2. 哪些因素能使化学平衡发生移动?

项目四　缓冲溶液的配制与性质

一、实训任务

1. 学习缓冲溶液的配制方法,加深对缓冲溶液性质的理解。
2. 了解缓冲容量、缓冲组分浓度和缓冲组分浓度比值的关系。

3. 练习移液管的使用方法。

二、实训原理

能抵抗外来少量强酸、强碱或适当稀释而保持 pH 基本不变的溶液称为缓冲溶液。缓冲溶液一般是由弱酸及其盐、弱碱及其盐、多元弱酸的酸式盐及其次级盐组成的。缓冲溶液的 pH 可用下式计算:

$$pH = pK_a + \lg \frac{c_s}{c_a}$$

$$pOH = pK_b + \lg \frac{c_s}{c_b}$$

缓冲溶液的 pH 除主要取决于 $pK_a(pK_b)$外,还与盐(或碱)的浓度比值有关,若配制缓冲溶液所用的盐和酸(或碱)的原始浓度相同,均为 c,酸(或碱)的体积为 V_a(或 V_b),盐的体积为 V_s,总体积为 V,混合后酸(或碱)的浓度为 $\frac{cV_a}{V}\left(\frac{cV_b}{V}\right)$,盐的浓度为 $\frac{cV_s}{V}$,则

$$\frac{c_s}{c_a} = \frac{\dfrac{cV_s}{V}}{\dfrac{cV_a}{V}} = \frac{V_s}{V_a}$$

或

$$\frac{c_s}{c_b} = \frac{V_s}{V_b}$$

所以缓冲溶液的酸碱度(pH 或 pOH)为

$$pH = pK_a + \lg \frac{V_s}{V_a}$$

或

$$pOH = pK_b + \lg \frac{V_s}{V_b}$$

配制缓冲溶液时,只要按计算的盐和酸(或碱)溶液的体积,混合后即可得到一定 pH 的缓冲溶液。缓冲容量是衡量缓冲溶液的缓冲能力大小的尺度。总浓度一定的条件下,为获得最大的缓冲容量,应控制缓冲比 $\frac{c_s}{c_a}\left(\text{或}\frac{c_s}{c_b}\right) = 1$。缓冲比一定时,总浓度大,缓冲容量大。但实际使用中,总浓度不宜过大。

三、仪器与试剂

仪器:10 mL 吸量管、烧杯、试管、量筒、吸量管。

试剂:0.1 mol/L HAc 溶液、0.1 mol/L NaAc 溶液、1 mol/L HAc 溶液、1 mol/L NaAc 溶液、0.1 mol/L HCl 溶液、pH=4 的 HCl 溶液、0.1 mol/L NaOH 溶液、1 mol/L NaOH 溶液、酚酞指示剂、广泛 pH 试纸、精密 pH 试纸。

四、实训步骤

(一)缓冲溶液的配制

按表 2-4 配制缓冲溶液甲。根据 $pH = pK_a + lg \dfrac{c_{共轭碱}}{c_{共轭酸}}$,计算出缓冲溶液甲的理论 pH,再分别用 pH 试纸测缓冲溶液的 pH,并填入表 2-4 中。

表 2-4 记录表一

缓冲溶液	缓冲溶液组成	理论 pH	pH(实测)
甲	5 mL 0.1 mol/L HAc 溶液＋ 5 mL 0.1 mol/L NaAc 溶液		

(二)缓冲作用

1. 抗酸作用

在 2 支试管中各加入 3 mL 缓冲溶液甲、3 mL 纯化水,用 pH 试纸测定其 pH,然后分别加入 2 滴 0.1 mol/L HCl 溶液,再用 pH 试纸测定其 pH,填入表 2-5 中。

表 2-5 记录表二

试管编号	溶液	pH	加入量	pH(实测)
1	3 mL 缓冲溶液甲		2 滴 0.1 mol/L HCl 溶液	
2	3 mL 纯化水		2 滴 0.1 mol/L HCl 溶液	
解释或结论				

2. 抗碱作用

在 2 支试管中各加入 3 mL 缓冲溶液甲、3 mL 纯化水,用 pH 试纸测定其 pH,然后分别加入 2 滴 0.1 mol/L NaOH 溶液,再用 pH 试纸测定其 pH,填入表 2-6 中。

表 2-6 记录表三

试管编号	溶液	pH	加入量	pH(实测)
1	3 mL 缓冲溶液甲		2 滴 0.1 mol/L NaOH 溶液	
2	3 mL 纯化水		2 滴 0.1 mol/L NaOH 溶液	
解释或结论				

3. 缓冲溶液对稀释的缓冲能力

在 2 支试管中各加入 3 mL 缓冲溶液甲、3 mL pH＝4 的 HCl 溶液,然后在 2 支试管中各加入 1 mL 纯化水,混合后用精密 pH 试纸测量其 pH,填入表 2-7 中。

表 2-7　记录表四

试管编号	溶液	稀释后的 pH
1	3 mL 缓冲溶液甲＋1 mL 纯化水	
2	3 mL pH＝4 的 HCl 溶液＋1 mL 纯化水	
解释或结论		

(三)缓冲容量

1. 缓冲容量与总浓度的关系

在 2 支试管中,用吸量管在第 1 支试管中加入 5 mL 0.1 mol/L HAc 溶液和 5 mL 0.1 mol/L NaAc 溶液,在第 2 支试管中加 5 mL 1 mol/L HAc 溶液和 5 mL 1 mol/L NaAc 溶液,振摇后使之混合均匀。

在 2 支试管中分别滴入 2 滴酚酞指示剂,观察溶液颜色,然后在 2 支试管中分别滴加 1 mol/L NaOH 溶液(每加 1 滴均需充分混合),直至溶液的颜色变红,记录所加 NaOH 滴数,填入表 2-8 中。

表 2-8　记录表五

试管编号	溶液	总浓度	pH(实测)	加指示剂	至变红时所加 1 mol/L NaOH 滴数
1	5 mL 0.1 mol/L HAc 溶液 ＋ 5 mL 0.1 mol/L NaAc 溶液	0.1 mol/L		2 滴酚酞指示剂	
2	5 mL 1 mol/L HAc 溶液＋ 5 mL 1 mol/L NaAc 溶液	1 mol/L		2 滴酚酞指示剂	
解释或结论					

2. 缓冲容量与缓冲组分浓度比值的关系

取 2 支试管,用吸量管在第 1 支试管中加入 5 mL 0.1 mol/L HAc 溶液和 5 mL 0.1 mol/L NaAc 溶液,在第 2 支试管中加入 1 mL 0.1 mol/L HAc 溶液和 9 mL 0.1 mol/L NaAc 溶液,用精密 pH 试纸或 pH 计测定两溶液的 pH,填入表 2-9 中。

表 2-9　记录表六

试管编号	溶液	缓冲比 ($c_{酸}/c_{碱}$)	pH （实测）	加入试剂	pH （实测）
1	5 mL 0.1 mol/L HAc 溶液＋ 5 mL 0.1 mol/L NaAc 溶液	1∶1		1 mL 1 mol/L NaOH 溶液	
2	1 mL 0.1 mol/L HAc 溶液＋ 9 mL 0.1 mol/L NaAc 溶液	1∶9		1 mL 1 mol/L NaOH 溶液	
解释或结论					

然后在每支试管中各加入 1 mL 1 mol/L NaOH 溶液，再用精密 pH 试纸或 pH 计测定两溶液的 pH。比较溶液 pH 的变化情况，解释原因。

五、问题与讨论

1. 缓冲溶液的 pH 由哪些因素决定？
2. 使用 pH 试纸测定溶液的 pH，应注意哪些问题？

项目五　胶体溶液的制备与性质

一、实训任务

1. 学习制备胶体溶液，验证胶体溶液的主要性质，认识高分子化合物对溶胶的保护作用。
2. 通过实验认识活性炭的吸附现象。

二、实训原理

溶胶稳定的主要因素是胶粒带电和溶剂化膜的存在，其次是布朗运动。使胶体聚沉的办法就是破坏其稳定因素。常用的方法：①加入少量电解质；②加入带相反电荷的胶体溶液；③加热。高分子化合物对溶胶有保护作用，只有在溶胶形成之前加入高分子化合物才能对溶胶起到保护作用。活性炭是一种疏松多孔、表面积大、难溶于水的黑色粉末，其吸附能力强，可以用来吸附各种色素、有毒气体，所以常用作吸附剂。

三、仪器与试剂

仪器:试管、烧杯(100 mL)、三脚架、石棉网、酒精灯、表面皿、量筒(10 mL、50 mL)、激光笔、药匙。

试剂:1 mol/L FeCl$_3$ 溶液、硫的无水乙醇饱和溶液、1 mol/L Na$_2$SO$_4$ 溶液、1 mol/L NaCl 溶液、1 mol/L AlCl$_3$ 溶液、0.01 mol/L K$_2$CrO$_4$ 溶液、0.01 mol/L Pb(NO$_3$)$_2$ 溶液、2 mol/L CuSO$_4$ 溶液、1%明胶溶液、0.05 mol/L AgNO$_3$ 溶液、活性炭、品红溶液。

四、实训步骤

(一)胶体溶液的制备

1. 氢氧化铁溶胶的制备

取一洁净的小烧杯,加入 30 mL 纯净水,加热至沸腾,边搅拌边逐滴加入 1 mol/L FeCl$_3$ 溶液 1 mL(每毫升约 20 滴),继续煮沸,直至生成深红色 Fe(OH)$_3$ 溶胶。制得的溶胶备用。

$$Fe^{3+} + 3H_2O \xrightleftharpoons{\triangle} Fe(OH)_3 + 3H^+$$

2. 硫溶胶的制备

取 1 支试管,加入 2 mL 纯化水,逐滴加入硫的无水乙醇饱和溶液 3～4 滴,并不断振荡,观察硫溶胶的生成。制得的溶胶备用。

(二)胶体溶液的光学性质(丁达尔效应)

把盛有硫酸铜溶液、Fe(OH)$_3$ 溶胶的烧杯置于暗处,分别用激光笔照射烧杯中的液体(图 2-6、图 2-7),在与光束垂直的方向进行观察。

图 2-6　激光照射硫酸铜溶液　　图 2-7　激光照射 Fe(OH)$_3$ 溶胶

(三)胶体溶液的聚沉

1. 加入少量电解质

取 2 支试管,各加入 5 mL Fe(OH)$_3$ 溶胶。在第 1 支试管中逐滴滴加 Na$_2$SO$_4$ 溶液,直至出现浑浊为止,记录加入 Na$_2$SO$_4$ 溶液的滴数。第 2 支试管中逐滴滴加 NaCl 溶液,直至出现浑浊为止,记录加入 NaCl 溶液的滴数。通过比较说明 2 种电解质对溶胶聚沉

能力的大小。

2. 加入带相反电荷的溶胶

将 2 mL Fe(OH)₃ 溶胶和 2 mL 硫溶胶混合,振荡试管,观察现象并解释。

3. 加热

取 1 支试管,加入 2 mL Fe(OH)₃ 溶胶,用酒精灯加热至沸腾,观察现象并解释。

(四)高分子化合物对溶胶的保护作用

1. 取 2 支试管,一支试管中加入 1 mL 明胶溶液,另一支试管中加入 1 mL 纯化水,然后各加入 5 滴 NaCl 溶液,振荡。再分别加入 2 滴 AgNO₃ 溶液,观察两试管中的现象。

2. 取 2 支试管,各加入 5 滴 NaCl 溶液,振荡,再分别加入 2 滴 AgNO₃ 溶液,振荡。然后,在一支试管中加入 1 mL 明胶溶液,在另一支试管中加入 1 mL 纯化水,观察两试管中的现象。

(五)活性炭的吸附作用

1. 活性炭对色素的吸附

(1)取 1 支试管,加入 4 mL 品红溶液和 1 药匙活性炭,用力振荡后静置。观察现象,并加以解释。

(2)将(1)中试管里的物质用力摇动后,过滤。待过滤完毕,移去装有滤液的烧杯,换一个干净的空烧杯于漏斗下,用 4～5 mL 乙醇洗涤滤纸及滤纸上的残留物,观察滤液的颜色,并解释。

2. 活性炭对重金属离子的吸附

(1)取 1 支试管,加入 3 mL 纯化水,再加入 5 滴 0.01 mol/L Pb(NO₃)₂ 溶液,然后加入 5 滴 0.01 mol/L K₂CrO₄ 溶液,观察现象。写出有关化学反应方程式。

(2)另取 1 支试管,加入 3 mL 纯化水,再加入 5 滴 0.01 mol/L Pb(NO₃)₂ 溶液和 1 药匙活性炭,振荡,静置后过滤。然后在滤液中加入 5 滴 0.01 mol/L K₂CrO₄ 溶液,观察现象。与(1)比较有何不同,并解释原因。

五、问题与讨论

1. 在检验高分子化合物对溶胶的保护作用实验中,为什么加入明胶溶液的先后不同会产生不同的现象?

2. 哪些因素可以使溶胶发生聚沉?

模块二　有机化学实训基本操作

项目一　重结晶

一、实训任务

1. 学习用重结晶法提纯固态有机化合物的原理和方法。
2. 掌握热抽滤和抽滤的操作。

二、实训原理

　　固体有机物在溶剂中的溶解度均随温度的变化而改变,一般情况下,升高温度,溶解度增大;降低温度,溶解度减小。重结晶就是利用这一性质,使化合物晶体在高温下溶解,在低温下从饱和溶液里析出,由于样品与杂质在溶剂中的溶解度不同,可以经过过滤(热抽滤除去难溶性杂质,常温抽滤除去吸附在晶体表面上的母液和可溶性杂质)而将杂质除去,达到分离、提纯的目的。重结晶的关键是选择合适的溶剂,常用溶剂如水、乙醇、丙酮、苯等。理想溶剂应具备以下条件:

　　(1)与被提纯物质不发生化学反应。

　　(2)被提纯物质在温度高时溶解度大,而在室温或更低温度时溶解度小;被提纯的物质与杂质的溶解度有明显的差别。

（3）溶剂的沸点适中，容易挥发，易于结晶而分离除去。

（4）溶剂价廉无毒，性质稳定。

苯甲酸在水中的溶解度随温度的变化较大（表2-10），通过重结晶可以使它与杂质分离，从而达到分离、提纯的目的。

表 2-10　苯甲酸在不同温度下的溶解度

温度/℃	25	50	95
苯甲酸在水中的溶解度/g	0.17	0.95	6.8

三、仪器与试剂

仪器：循环水真空泵、电热套、布氏漏斗、表面皿、200 mL 烧杯、150 mL 锥形瓶、吸滤瓶、胶塞、玻璃棒、滤纸、铁架台、酒精灯、托盘天平。

试剂：粗苯甲酸。

四、实训步骤

重结晶法操作步骤如图2-8所示。

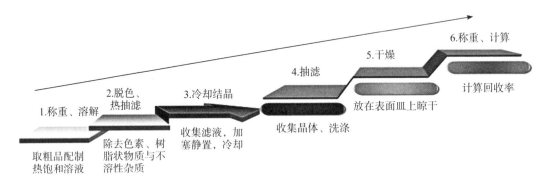

图 2-8　重结晶法操作步骤

1. 称量、溶解。称 1 g 粗苯甲酸于 150 mL 锥形瓶中，加入 80 mL 纯化水，加热至沸腾并不断搅动使其溶解（如仍有未溶解的样品，可再加约 5 mL 纯化水，如仍有不溶物，视为不溶性杂质）。

2. 脱色、热抽滤（除杂质）。放置片刻待溶液稍冷，加少量活性炭，使均匀分散（如仍不能脱色，重新加热至微沸后，稍冷，酌加少量活性炭）。趁热进行抽滤（热抽滤前也可先将布氏漏斗、抽滤瓶浸于热水中泡热），将滤液快速转移至锥形瓶中。

3. 冷却结晶。加塞静置，冷却，析出晶体。

4. 抽滤（收集晶体、洗涤）。抽滤抽干后，用少量纯化水均匀洒在滤饼上浸没晶体，洗涤 2 次，继续抽滤至干燥。

5. 干燥。把晶体转移至表面皿上晾干,或在烘箱中 40～60 ℃烘干 5～10 min。

6. 称重,计算回收率。

五、存在的问题和注意事项

1. 存在的问题

(1)加热溶解固体时,未注意补水,成了过饱和溶液。

(2)热过滤时有晶体析出在滤纸和漏斗颈上。

(3)活性炭因滤纸破被引入滤液中。

(4)冷却析晶不充分,晶体量太少。

(5)活性炭吸附不充分,得到的晶体发黄。

(6)析出晶体时搅拌溶液,得到的晶体成渣状。

2. 注意事项

(1)加热过程中应注意补充水分。

(2)应使活性炭脱色完全。加活性炭脱色应注意:①应等沸腾的溶液放冷片刻再加入活性炭,以免引起暴沸;②加入活性炭应取少量,为粗品的 1‰～5‰;③加入活性炭后应振摇锥形瓶使其在溶液中均匀分散;④继续煮沸约 5 min,趁热过滤。

(3)热过滤应仪器热、溶液热,动作要快。

(4)静置析晶,使晶体析出完全。

(5)滤纸若大于布氏漏斗,将使滤纸与漏斗孔面贴不紧实,边角翘起,出现缝隙,导致溶液直接从缝隙中进入抽滤瓶。

(6)抽滤时,应先打开水泵,关闭安全瓶活塞后抽气;抽干后,应打开安全瓶上的活塞后再关闭水泵。

六、问题与讨论

1. 重结晶一般包括几个步骤?

2. 如何选择重结晶溶剂?

3. 常压过滤和抽滤各自的作用是什么?

项目二 熔点的测定

一、实训任务

1. 掌握毛细管法测定熔点的操作技术。
2. 熟悉仪器的安装方法和数据记录要求。

二、实训原理

晶体物质加热到一定温度时,即可从固态转变为液态,此时的温度就是该晶体的熔点。大多数有机化合物的熔点低于 400 ℃,通常采用操作简便的毛细管法测定熔点。

纯净的固体化合物一般都有固定的熔点,从固态开始熔化至完全熔化为液态的温度范围叫熔程,也叫熔点范围,一般为 0.5～1 ℃。但是,当有少量杂质存在时,其熔点一般会下降,熔点范围增大。因此,通过测定熔点,可以鉴别未知的固态化合物及其纯度。

三、仪器与试剂

仪器:熔点测定管(b 形管)、铁架台、铁环、铁夹、酒精灯、200 ℃温度计、缺口单孔软木塞、玻璃管(长 40 cm 左右)、毛细管(内径 1～2 mm,长 60～70 mm)、表面皿、药匙。

试剂:液体石蜡、尿素(132.7 ℃)。

四、实训步骤

(一)试样研磨

取少许干燥尿素样品置于研钵上,用研棒将试剂研成细末。

(二)试样的填装

取 0.1～0.2 g 试样粉末置于洁净的表面皿上,聚成小堆。将 1 根一端封闭的毛细管的开口端插入粉末堆中,如此重复插入几次(图 2-9),使试样粉末进入管中,再把开口端向上,让其从玻璃管口上端自由落下(玻璃管立在表面皿上)(图 2-10),或轻轻在桌面上敲击,同样操作反复几次,使试样粉末落入玻璃管管底,直到粉末柱高 2～3 mm 为止。操作要迅速,避免受潮;装样要填充结实,不能有空隙。

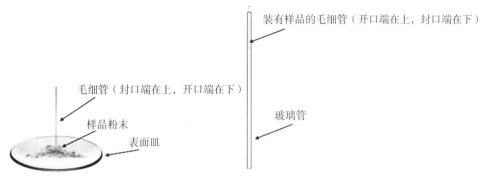

图 2-9 填装试样　　　　图 2-10 装有样品的毛细管在玻璃管中下落

（三）仪器的安装

按照由下往上安装仪器的顺序，先估计好酒精灯与铁夹的高度。将 b 形管夹在铁架台的合适位置，向 b 形管中加入液体石蜡，使其液面高出上叉管 1 cm 左右。管口配一缺口单孔软木塞，使大约 1/2 的软木塞塞进 b 形管口，用橡皮筋将毛细管套在温度计上，温度计通过开口塞插入孔中，刻度应朝向软木塞缺口，温度计水银球应位于上、下叉管中间，毛细管中粉末柱部分应靠在温度计水银球的中部。加热时，用酒精灯加热侧管（图 2-11）。

图 2-11 熔点测定装置

（四）熔点的测定

测定开始时，加热升温可稍快（每分钟上升 3～4 ℃），热浴温度离预测熔点差 15 ℃ 左右时，改用小火加热（或将酒精灯稍微离开 b 形管），使温度缓缓而均匀上升（每分钟上升 1 ℃ 左右）。此时应特别注意温度的上升和毛细管中粉末柱的情况。当接近熔点时，加热速度要更慢，每分钟上升 0.2～0.3 ℃。要想精确测定熔点，则在接近熔点时升温的速度不能太快，必须严格控制加热速度。

图 2-12 所示为粉末未熔状态。当毛细管中粉末柱开始发毛、收缩、塌落，出现小滴液体时，表示开始熔化（图 2-13），是初熔，记下温度。继续微热至恰好完全熔融成透明液体时（图 2-14），是全熔，记下温度。这两者的温度范围为该样品的熔程。

初熔点和全熔点的平均值为熔点，再将各次所测熔点的平均值作为该样品的最终测

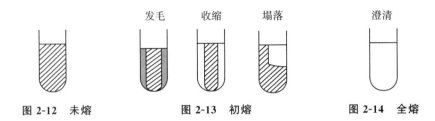

| 发毛 | 收缩 | 塌落 | 澄清 |

图 2-12　未熔　　　　　　图 2-13　初熔　　　　　　图 2-14　全熔

定结果。若为尿素,熔点测定要重复 3 次,第 1 次为粗测,加热可稍快,测知大概数据,后两次在第 1 次数据的基础上准确测量。重复测熔点时都必须换用新的毛细管重装等量的尿素粉末,只有在 b 形管内液体石蜡温度低于尿素熔点 30 ℃以上时,才可将毛细管放入进行下次测定。

实训完毕后,一定要待 b 形管冷却至室温后,方可将液体石蜡倒回瓶中。温度计冷却至室温后,用废纸擦去传热液才可用水冲洗,否则温度计极易炸裂。

五、数据记录与处理

数据记录与处理见表 2-11。

表 2-11　数据记录与处理

测定试样:_____　　熔点:_____

测量次数	初熔温度	全熔温度	熔程	熔点	熔点平均值
第 1 次(粗测)					
第 2 次(精测)					
第 3 次(精测)					

六、注意事项

1. 毛细管要洁净,否则会产生误差;管底要熔封严密,否则会造成漏管。
2. 试样粉末要细,否则传热不均匀;试样粉末装填要紧实,否则影响传热。
3. 样品应干燥,不含杂质,否则影响熔程。
4. 样品装量不能太少,太少不易观察,熔点偏低;太多易造成熔程变大,熔点偏高。

七、问题与讨论

1. 熔点测定为什么要用切口的塞子?
2. 是否可以用第 1 次测定时已熔化后又固化的样品再做第 2 次测定? 为什么?
3. 如样品含杂质,熔点和熔程如何改变? 加热过快为什么会影响化合物熔点测定的准确度?

项目三　萃取与分液

一、实训任务

1. 掌握萃取的原理和操作方法。
2. 学会分液漏斗的使用。

二、实训原理

　　萃取是利用物质在两种不能互溶(或微溶)的溶剂中溶解度(或分配比)不同来达到分离、提取或纯化目的的一种操作。

　　萃取是用来提取或纯化有机化合物的常用方法之一。应用萃取可以从固体或液体混合物中提取出所需物质,也可以用来洗去混合物中的少量杂质。通常前者称为"萃取",后者称为"洗涤"。本实训以四氯化碳为萃取剂从碘水中萃取碘。

三、仪器与试剂

　　仪器:分液漏斗(容积较被萃取液大 1～2 倍)、铁圈、铁架台、锥形瓶、量筒等。
　　试剂:凡士林少许、碘水(每组 10 mL)、四氯化碳(每组 30 mL)。

四、实训步骤

(一)检漏、装液

　　先在漏斗的活塞上涂好润滑脂,塞上后旋转数圈,使润滑脂均匀分布,再用小橡皮圈套住活塞尾部的小槽,防止活塞滑脱。关闭活塞,注入少量水于分液漏斗中,盖好上口塞子,倒置,检查是否漏水;如不漏水,将漏斗直立,将上口塞旋转 180°,倒置,检查是否漏水。

　　如漏斗气密性良好,装入待萃取物和萃取溶剂。用移液管准确量取 10 mL 碘水的混合液置于分液漏斗中,加入萃取剂四氯化碳 10 mL。采用 3 次萃取,每次加入 10 mL 萃取剂,共用萃取剂 30 mL。

(二)振荡萃取

　　塞好塞子,旋紧。先用右手食指末节将漏斗上端玻璃塞顶住,再用大拇指及食指和中指握住漏斗,用左手的拇指和食指握在活塞的柄上,上下轻轻振摇分液漏斗,使两相之间充分接触,以提高萃取效率。振摇后,应将漏斗尾部向上倾斜(朝无人和无明火处),打开活塞放气,以解除漏斗中的压力。如此重复至放气时只有很小压力后,再剧烈振摇 2～3 min。

(三)静置分层

将分液漏斗置于铁架台上静置,待两相完全分开。

(四)分液

用锥形瓶或烧杯作为接收器,打开上面的玻璃塞,再将活塞缓缓旋开,下层液体自漏斗颈放出(有时在两相间可能出现一些絮状物,也应同时放出)。然后将上层液体从分液漏斗上口倒出(不可从漏斗颈放出),以免被残留在漏斗颈上的另一种液体所污染。

具体流程参见图 2-15。

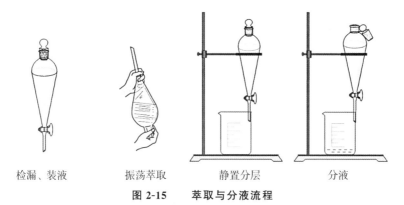

检漏、装液　　　　振荡萃取　　　　静置分层　　　　分液

图 2-15　萃取与分液流程

五、注意事项

1. 萃取溶剂的选择

(1)根据被萃取物的溶解度选择合适的萃取剂,一般难溶于水的物质用石油醚等萃取;较易溶者,用苯或乙醚萃取;易溶于水的物质用乙酸乙酯等萃取。

(2)应易于和溶质分开。

(3)优先选用低沸点溶剂。

使用低沸点易燃溶剂进行萃取操作时,应熄灭附近的明火。如用乙醚作萃取剂,乙醚沸点低,易挥发,乙醚蒸气与空气相混合时极为危险,易爆炸。

萃取剂的用量:每次使用萃取溶剂的体积一般是被萃取液体的 1/5～1/3,两者的总体积不应超过分液漏斗容积的 2/3。

2. 萃取过程中产生乳化现象时可采取的解决措施

(1)静置较长时间。

(2)若是因碱性而发生乳化,可加入少量酸破坏或采用过滤方法除去。

（3）若是两种溶剂（水与有机溶剂）能部分互溶而发生乳化，可加入少量电解质（如氯化钠等），利用盐析作用加以破坏。另外，加入食盐可增加水相的比重，有利于两相比重相差很小时的分离。

（4）加热以破坏乳状液，或滴加几滴乙醇、磺化蓖麻油等降低表面张力。

六、问题与讨论

1. 萃取时，被萃取混合液和萃取溶剂的总体积与分液漏斗容积之间的关系如何？
2. 分液时，上层液体是否可从漏斗颈放出？为什么？
3. 分液时，不知哪一层为萃取层，可用什么方法识别？

项目四　蒸馏与沸点的测定

一、实训任务

1. 掌握蒸馏操作和测定沸点的方法。
2. 初步掌握蒸馏装置的使用、装配和拆卸技能。
3. 了解测定沸点的意义和蒸馏的意义。

二、实训原理

在一定的温度下，液体都具有一定的蒸气压，加热液体时，其蒸气压将随温度的升高而增大，当液体的蒸气压增大到与外界的压力（通常指大气压）相等时，溶液沸腾，此时的温度为该液体的沸点。不同的物质由于在一定的温度下其蒸气压不同，因而沸点也不同。纯液态物质有恒定的沸点，沸点范围很小（0.5～1 ℃），纯度越高，沸程越小，但是不能认为沸点固定的物质都是纯物质，有些二元和三元恒沸混合物也有固定的沸点。

蒸馏就是将液体加热到沸腾变为蒸气，又将蒸气冷却为液体的过程。混合液体由于组成混合液的各组分具有不同的沸点，蒸馏过程中，低沸点组分先蒸出，高沸点组分后蒸出，不挥发的物质留在容器中，就可以达到分离或提纯的目的。用常压蒸馏方法分离液态有机物时，只有两种组分的沸点相差 30 ℃以上，才能达到较好的分离效果。用蒸馏的方法可以测定液体的沸点，采用常量法，该沸点测定方法所用样品需 10 mL 以上，如要节约样品的用量，可采用微量法测定。

三、仪器与试剂

仪器:圆底烧瓶、蒸馏头、温度计(100 ℃)、铁架台、冷凝管、接收管、接收瓶、水浴锅(或大烧杯、电热套)。

试剂:75％工业酒精、沸石。

四、实训步骤

(一)安装蒸馏装置

按图 2-16 所示安装常压蒸馏装置:①安装气化部分;②安装冷凝管;③安装接收部分。

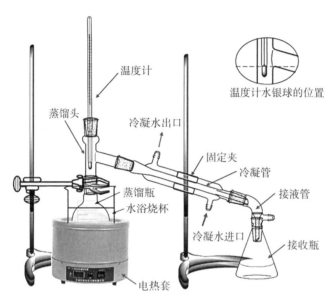

图 2-16　常压蒸馏装置

(二)蒸馏操作

1. 加料

将 50 mL 75％的工业酒精通过长颈漏斗注入蒸馏瓶中,加入 2～3 粒沸石。水浴烧杯中注入自来水,使烧杯内液面高于蒸馏瓶内液面1～2 cm。装好温度计,检查装置气密性,缓慢向冷凝管内通冷水。

2. 加热蒸馏

先用小火使烧杯底部均匀受热,然后增大火力使烧杯中水温升高,并注意观察烧瓶中的现象和温度计的读数变化,当蒸馏瓶中蒸气上升至温度计水银球部时,温度计读数急剧上升,水银球部分出现液滴。蒸馏液沸腾时,开始控制温度,以馏速每秒1~2滴为宜,并且整个蒸馏过程中应使水银球上始终有液滴存在。此时的温度计读数即为馏出液的沸点。在温度未到馏出液沸点之前,常有少量低沸点液体先蒸出,称馏头,需弃掉。温度稳定后,更换接收瓶,收集的即是产物,又称馏分,纯度很高。液体的沸点范围可代表其纯度,其值越窄,纯度越高。当一化合物蒸馏完后,若维持原来温度,不会再有馏分蒸出,温度计显示温度会突然下降,此时应停止加热,不能蒸干,否则烧瓶蒸干后继续受热,瓶底热量集聚易引起爆裂。

记录弃掉馏头后蒸出第1滴馏分和蒸出最后1滴馏分时温度计的读数,这就是通过常量法测出的该馏分的沸点范围(又称沸程)。

3. 结束

先关闭热源,稍冷却后,停止通水,拆卸仪器的顺序与安装顺序相反。

(三)乙醇回收率的计算

数据记录与处理见表2-12。

表 2-12 数据记录与处理

乙醇沸点:_____

待蒸馏物质	蒸出第1滴乙醇时的温度	蒸出最后1滴乙醇时的温度
50 mL 75%工业酒精		

$V_{C_2H_5OH}$(理论)= _____,$V_{C_2H_5OH}$(收集)= _____,乙醇回收率= _____。

五、问题与讨论

1. 什么叫沸点?液体的沸点和大气压有什么关系?
2. 为什么蒸馏时,不能将液体蒸干?
3. 蒸馏某一液体时,出现馏头呈乳浊液状,原因是什么?

项目五 水蒸气蒸馏

一、实训任务

1. 掌握水蒸气蒸馏装置的安装与使用方法。
2. 熟悉水蒸气蒸馏的原理与方法。

二、实训原理

水蒸气蒸馏是分离和提纯与水不相溶且具有一定挥发性的液体有机化合物的常用方法。对于一些高沸点有机化合物,用普通蒸馏法时,温度高易破坏其成分,通过水蒸气蒸馏,则可以在较低温度下蒸出,避免被破坏。水蒸气蒸馏在分离纯化高沸点易分解破坏的有机物,或混杂在无机物和焦油状物质中的有机物,以及中草药中的挥发油时特别有用。根据道尔顿分压定律,当水与有机物混合共热时,液体混合物的蒸气压等于各组分蒸气压之和,即 $p_总 = p_A + p_B + p_C + \cdots$,$p_A$ 为水的蒸气压,p_B、p_C …… 为与水不相溶的高沸点有机化合物的蒸气压。当升高温度,$p_总$ 达到外界大气压时,液体共沸,这时的温度为混合液体的沸点,此混合物沸点低于单一物质的正常沸点。

常压下水的沸点是 100 ℃,因此常压下利用水蒸气蒸馏法,能在低于 100 ℃ 的条件下将高沸点的有机化合物和水一起蒸馏出来。共沸时温度不变,直到温度升高时,说明有一组分几乎完全蒸出。可以用水蒸气蒸馏法进行提纯的物质必须具备以下条件:

1. 不溶或难溶于水。
2. 在共沸下与水不发生反应。
3. 在 100 ℃ 左右要有一定的蒸气压(0.67～1.33 kPa)。

三、仪器与试剂

仪器:水蒸气发生器、500 mL 长颈圆底烧瓶、250 mL 锥形瓶、25 cm 直形冷凝管、接液管、125 mL 分液漏斗(梨形)、玻璃管、量筒。

试剂:水杨酸甲酯,蒸馏水。

四、实训步骤

水蒸气发生器(内装 3/4 容积的水和数粒沸石)的导气管通过 T 形管与蒸气器(圆底烧瓶)的蒸气导入管连接,T 形管下端连接一段橡皮管,用弹簧夹夹住。蒸馏器的蒸气导出管与直形冷凝管连接,冷凝管下端的接液管伸入接收器(锥形瓶)中。

将 5 mL 水杨酸甲酯和 5 mL 蒸馏水加入蒸馏器内,加热水蒸气发生器,待产生水蒸气后,用小火加热蒸馏器(待大量水蒸气导入蒸馏器,蒸馏物与水共沸而开始蒸馏时,可以不再加热)进行蒸馏。一直蒸馏到馏液透明无明显油珠,表示已经蒸完。打开 T 形管上的弹簧夹,移去热源,依次拆下接收器、接液管、冷凝管、圆底烧瓶等。

馏液用分液漏斗分离得到水杨酸甲酯,弃去水,用量筒量水杨酸甲酯的量并记录。

水蒸气蒸馏的流程及装置见图 2-17。

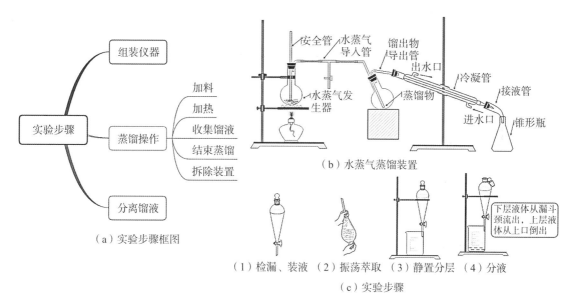

图 2-17　水蒸气蒸馏流程及装置

五、问题与讨论

1. 适用水蒸气蒸馏的物质应具备什么条件？
2. 在水蒸气蒸馏过程中，若安全管中水位上升很高，说明出现什么问题？如何解决？
3. 水蒸气蒸馏进行完毕，停止加热时，应注意什么？为什么？
4. 如何判断水蒸气蒸馏是否完成？

附：冬青油（水杨酸甲酯）的性状与用途

分子式 $C_8H_8O_3$，相对分子质量 152.14。结构式：
$$\underset{OH}{\overset{\overset{O}{\parallel}}{COCH_3}}$$
。

冬青油主要由冬青树的叶经蒸馏而得，产于加拿大和我国云南等地。蒸馏甜桦的树皮而得的甜桦油，成分基本上与冬青油一致，在商品中常混称天然冬青油。此外，合成的纯水杨酸甲酯也常称冬青油。

本品为无色液体，有香味。熔点 $-8.6\ ℃$，沸点 $223.3\ ℃$。密度（$25/4\ ℃$）$1.173\ 8\ g/cm^3$。微溶于水，溶于乙醇和乙醚。在空气中易变色。常用作饮料、牙膏、化妆品的香精，也可用作杀虫剂、油墨、擦光剂等，医药学上作止痛药，外用可缓解关节疼痛或肌肉扭伤。

该品可燃，有毒，对皮肤有刺激作用。其蒸气或雾对眼睛、黏膜和上呼吸道有刺激作用。如皮肤接触，须脱去衣物，用流动清水冲洗。如眼睛接触，须提起眼睑，用流动清水或生理盐水冲洗，并就医。如吸入，须脱离现场至空气新鲜处，若呼吸困难，需输氧，并就医。如食入，须饮足量温水，催吐，并就医。

项目六　葡萄糖的旋光度的测定

一、实训任务

1. 掌握比旋光度的概念及计算。
2. 熟悉旋光仪的原理和使用方法。

二、实训原理

具有手性的物质能使偏振光振动平面旋转。即当一束单一的平面偏振光通过手性物质时,偏振光的振动方向会发生改变,此时光的振动面旋转一定的角度,这种现象称为物质的旋光现象。物质的这种使偏振光振动面旋转的性质叫作旋光性。具有旋光性的物质叫作旋光性物质或旋光物质。由于旋光物质使偏振光振动面旋转时可以右旋(顺时针方向,记作"+"),也可以左旋(逆时针方向,记作"−"),旋光物质又可分为右旋物质和左旋物质。物质使偏振光振动面旋转的角度和方向称为旋光度,常以 α 表示。旋光度是旋光物质的一种物理性质,它的大小除取决于被测分子的立体结构外,还受到测定溶液的浓度、偏振光通过溶液的厚度(样品管的长度)、温度、偏振光的波长等因素的影响。物质的旋光性一般用比旋光度表示,符号为 $[\alpha]_\lambda^t$。它与旋光度的关系如下:

$$[\alpha]_\lambda^t = \frac{\alpha_\lambda^t}{\rho_B l}$$

式中:$[\alpha]_\lambda^t$——旋光性物质在温度为 t,光源波长为 λ 时的旋光度[一般用钠光(λ 为 589 nm),用 $[\alpha]_D^t$ 表示];

t——测定时的温度;

λ——光源的光波长;

α_λ^t——旋光度;

l——旋光管的长度,dm;

ρ_B——质量浓度,g/mL。

比旋光度是物质特性常数之一,测定比旋光度可以检定旋光性物质的纯度和含量。目前,测定旋光度一般用自动指示旋光仪。WZZ 型自动指示旋光仪是一种比较新的测定物质旋光度的仪器。其基本结构如图 2-18 所示。

(一)工作原理

该机采用 20 W 钠光灯为光源,光线通过聚光镜、小孔光阑和物镜后即形成一束平行光,平行光通过起偏振镜后产生平行偏振光,这束偏振光经过一个法拉第效应的磁线圈

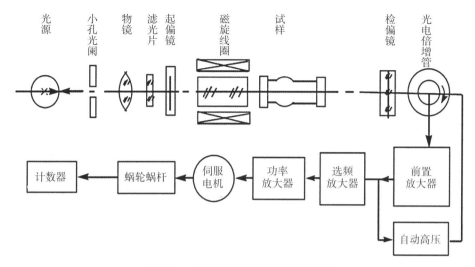

图 2-18　WZZ 型自动指示旋光仪结构

时,其振动平面产生 50 Hz 的 β 角往复摆动,光线通过检偏镜投射到光电倍增管上,就产生交变的光电信号。当检偏镜的透光面与偏振光的振动面正交时,为仪器的光学零点,此时出现平衡指示。而当偏振光通过一定旋光度的样品时,偏振光的振动面转过一个角度 α,此时光电信号即能驱动工作频率为 50 Hz 的伺服电机,并通过蜗轮蜗杆带动检偏镜转动 α 角而使仪器回到光学零点,此时读数盘的示值即为所测物质的旋光度。

WZZ 型自动指示旋光仪(图 2-19)由于应用了光电检测器和晶体管自动示数装置,因此灵敏度较高,读数方便,且可避免人为的读数误差。

图 2-19　WZZ 型自动指示旋光仪

(二)旋光仪的操作方法

1. 样品管装液

将样品管(图 2-20)一端的螺帽旋下,小心取下玻璃盖片,然后将样品管竖直,管口朝上。用滴管注入待测溶液或蒸馏水至管口,并使溶液的液面凸出管口。小心将玻璃盖片沿管口方向边缘平推盖好(以免管内留存气泡),把多余的溶液挤压溢出,装上橡皮垫圈,拧紧螺帽至不漏水(不可旋得过紧,否则会使玻璃片产生应力,影响测定)。装好后,用软布将测定管外部擦净(以免液滴沾污样品室)。平放样品管(管内如有气泡,应将气泡赶至管颈突出处)。

2. 旋光仪使用步骤

(1)开机。将仪器电源接入 220 V 交流电源,打开电源开关,这时钠光灯应启亮,需经

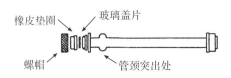

图 2-20　样品管结构示意

5 min 预热,使之发光稳定。打开光源开关,若光源开关扳上后,钠光灯熄灭,则再将光源开关上下重复扳动 1～2 次,使钠光灯正常点亮。打开测量开关,这时数码管应有数字显示。

　　(2)零点校正。将装有蒸馏水或其他空白溶剂的样品管放入样品室,盖上箱盖,待示数稳定后,按清零按钮。样品管安放时应注意标记的位置和方向。按下复测开关,使读数盘仍回到零处。重复操作 3 次。

　　(3)装待测溶液。取出样品管,倒掉空白溶剂,用少量待测溶液润洗 2～3 次,将待测溶液注入样品管。

　　(4)测定旋光度。按步骤(2)相同的位置和方向将样品管放入样品室内,盖好箱盖。仪器数显窗将显示出该样品的旋光度,记录读数。逐次按下复测按钮,重复读 2 次,取平均值作为测定结果。

　　(5)关机。仪器使用完毕后,应依次关闭测量装置、光源、电源开关。

三、仪器与试剂

仪器:旋光仪、1 000 mL 容量瓶、玻璃棒、电子天平。

试剂:葡萄糖、纯化水、氨试液(量取浓氨溶液 400 mL,置于 1 000 mL 容量瓶中,加水稀释至刻度)。

四、实训步骤

(一)待测溶液的配制

新鲜的葡萄糖溶液会发生变旋现象,比旋光度会逐渐变化,需一定时间才能达到稳定数值不再改变,因此葡萄糖的溶液应提前配置。

　　方法一:准确称取葡萄糖 2.5 g,放入 100 mL 容量瓶中,加入纯化水至刻度。配制的溶液应透明无杂质,否则应过滤,溶液放置 1 d 后再测。

　　方法二:称取样品 2.5 g(精确至 0.000 1 g),置于 100 mL 容量瓶中,加适量水溶解,加氨试液 0.2 mL,用水稀释至刻度,摇匀,放置 10 min。

(二)旋光仪零点的校正

按旋光仪使用方法,用纯化水做空白清零。

（三）旋光度的测定

将葡萄糖溶液装入样品管测定旋光度，记下测试时室温、样品管的长度及溶液浓度，然后按公式计算其比旋光度。测定之前必须用溶液洗旋光管 2 次。

（四）计算比旋光度

将旋光度代入公式 $[\alpha]_\lambda^t = \dfrac{\alpha_\lambda^t}{\rho_B l}$，计算出葡萄糖的比旋光度。

五、注意事项

1. 旋光仪所有镜片不得用手擦拭，应用干净的擦镜纸或软布擦拭。
2. 仪器连续使用时间不宜超过 4 h。如需要使用较长时间，中间应关灯 10～15 min，待钠光灯冷却后再使用。在连续使用时，不宜经常开关。
3. 旋光度与温度有关，当用钠光测定时，温度每升高 1 ℃，大多数旋光性物质的旋光度减小约 0.3%。对要求较高的测定，需恒温在 20 ℃±2 ℃的条件下进行测量。
4. 测量完毕，关闭钠光灯，取出样品管将溶液倒出，用纯化水洗净，擦干放好。

六、数据记录与处理

数据记录与处理见表 2-13。

表 2-13 数据记录与处理

室温：_____ 样品管长：_____ $\rho_{C_6H_{12}O_6}$：_____

测定次数	1	2	3
旋光仪读数			
旋光度平均值			
比旋光度			

七、问题与讨论

1. 有哪些因素影响物质的比旋光度？
2. 测定旋光度应注意哪些事项？
3. 葡萄糖的溶液为何要放置 1 d 后再测旋光度？

模块三　分析化学实训基本操作

项目一　电子天平的称量练习

一、实训任务

1. 学习电子天平的基本操作和减重称量法。

2. 培养准确、整齐、简明地记录实验原始数据的习惯,不可涂改数据,不可将测量数据记录在记录本以外的任何地方。

二、实训原理

电子天平(图 2-21)利用电子装置完成电磁力补偿的调节,使物体在重力场中实现力矩平衡,测得物体的质量。电子天平具有称量自动校准、积分时间可调、灵敏度可适当选择等性能。

电子天平使用步骤(以 FA2004N 型电子天平为例):

1. 水平调节。调整地脚螺栓高度,使水平仪内空气气泡位于圆环中央。

2. 通电预热。天平在初次接通电源或长时间断电后,需先通电预热至少 30 min。

3. 开启显示屏。轻按 $\boxed{\text{ON/OFF}}$ 键开启显示屏,等出现 0.0000 g 称量模式后方可称量。

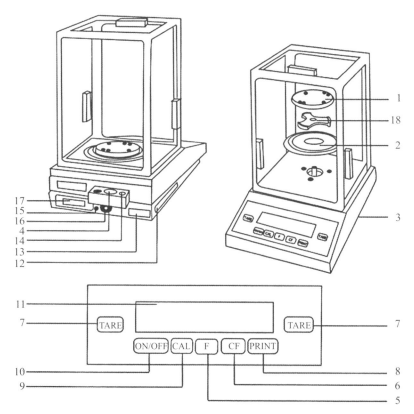

1—称盘；2—屏蔽环；3—地脚螺栓；4—水平仪；5—功能键；6—CF 清除键；7—去皮键；8—打印键；9—校正键；10—开/关键；11—显示器；12—CMC 标签；13—具有 CE 标记的型号牌；14—防盗装置；15—菜单-去联锁开关；16—电源接口；17—数据接口；18—称盘支架。

图 2-21　电子天平图示(以 FA2004N 型电子天平为例)

4. 天平基本模式选定。天平一般为"通常情况"模式,并具有断电记忆功能。若改为其他模式,使用后轻按 ON/OFF 键,天平即可恢复"通常情况"模式。

5. 校正。首次使用天平必须进行校正,按校正键 CAL 。

6. 称量。按 TARE 键,显示屏显示 0.0000 g 后,将称量物置于称盘中央,待数字稳定后即可读出称量物的质量。

7. 去皮称量。先按 TARE 键除皮清零,然后将容器(如称量瓶、小烧杯等)放在天平盘上,显示屏显示容器质量,再按 TARE 键,显示 0.0000 g 后,即去除皮重。再将称量物置于容器中(若称量物为粉末或液体,则应逐步加入容器中直至达到所需的质量),待显示屏数值稳定后,即得称量物的净质量。将天平盘上的所有物品移出后,显示屏显示负值,再按 TARE 键,则显示 0.0000 g。

8. 称量结束。同一实验的多次称量的间隙,不需按 ON/OFF 键关闭显示屏,待实验全部结束后,再关闭显示屏、电源。若短时间内还使用天平,也不必切断电源,这样可省去下次预热时间。

9. 填写使用记录。

三、仪器与试剂

仪器:电子天平、锥形瓶、称量瓶、表面皿和药匙。

试剂:化学纯 Na_2CO_3。

四、实训步骤

(一)称量前准备

1. 水平调节。查看电子天平水平仪,如不水平,通过地脚螺栓调至水平。

2. 通电预热。天平在初次接通电源或长时间断电后,需先通电预热至少 30 min。

3. 开启显示屏。轻按 $\boxed{ON/OFF}$ 键开启显示屏,等出现 0.0000 g 称量模式后方可称量(如显示大于 0.0000 或为负值,则按 $\boxed{TARE}$ 键,使显示屏显示 0.0000 g)。

(二)称量

递减称量法准确称出 Na_2CO_3 约 0.2 g(每一份的质量范围在 0.18~0.22 g)。

1. 准备 3 个干净的锥形瓶,在洁净、干燥的称量瓶内加入适量 Na_2CO_3 样品(加入的样品质量应略大于 3 份样品的总质量)。

2. 将装好 Na_2CO_3 的称量瓶置于电子天平称盘中央,准确称量出其总质量,按 $\boxed{TARE}$ 键去皮,使显示数据为 0.0000。

3. 取出称量瓶,估计样品体积,按图 2-22、图 2-23 操作方法转移 0.2 g 试样至第一个锥形瓶中,称量并记录电子天平显示的数据为 $-m_1$(显示为负数,表示称量瓶与首称相比减少的质量),则倾出至锥形瓶中的样品质量为 m_1。倾出量允许误差为应倾出量的 ±10%,即转移至锥形瓶中的样品质量应在 0.180 0~0.220 0 g 之间。

如倾出样品质量低于 0.180 0 g,则取出称量瓶,继续倾出少量样品,重新置于称盘上称量,直至达到称量要求。如超过 0.220 0 g,需洗净称量瓶,按步骤 2、3 重新称量。

4. 按上述方法转移约 0.2 g 试样至第二个锥形瓶、第三个锥形瓶中。

图 2-22　纸带夹取称量瓶　　图 2-23　从称量瓶中倾出样品

五、注意事项

1. 用天平称量之前一定要检查仪器是否水平。

2. 称量物质的质量不得超过天平量程。

3. 称量时要把天平的门关好,待稳定后再读数。

4. 不能用天平直接称量具腐蚀性的物质。

5. 使用称量瓶时,应戴上干净的手套拿取称量瓶,或用纸带夹住称量瓶(敲击转移样品时瓶身与瓶盖均应用纸带夹持)。

6. 称量时应将被称物置于称盘正中央。

六、数据记录与处理

数据记录与处理见表 2-14。

表 2-14 固体样品递减称量法数据记录与处理

称量样品:_____

测量份数	1	2	3
首称:倾出适量样品前读数/g[a]			
末称:倾出适量样品后读数/g[b]			
倾出样品质量/g			

注:a 首称按 ☐TARE☐ 键使读数为 0.0000。

b 首称按 ☐TARE☐ 键读数为 0.0000,则末称读数为负值。

七、问题与讨论

1. 使用称量瓶时,可以直接用手拿称量瓶吗?若不可,应如何拿取?

2. 使用称量瓶时,如何操作才能保证试样不损失?

项目二 滴定分析仪器的基本操作练习

一、实训任务

1. 熟练掌握滴定管、容量瓶、移液管的洗涤和使用方法。

2. 学会滴定分析的基本操作。

二、实训原理

滴定分析法是将一种已知准确浓度的试剂溶液滴加到被测物质的溶液中,直到定量反应完全为止,再根据所滴加的试剂溶液的浓度和体积,计算出被测物质含量的方法。如:

$$NaOH + HCl \underline{\qquad} NaCl + H_2O$$

三、仪器与试剂

仪器:酸式滴定管(25 mL)、碱式滴定管(25 mL)、腹式吸管(20 mL)、刻度吸管(10 mL)、容量瓶(250 mL)、锥形瓶(250 mL)、洗耳球、烧杯、洗瓶、滴管、玻璃棒。

试剂:洗液、盐酸滴定液(0.1 mol/L)、氢氧化钠滴定液(0.1 mol/L)、酚酞指示剂(10 g/L)、甲基橙指示剂(1 g/L)。

四、实训步骤

(一)滴定分析仪器的使用方法

滴定分析法中常用的仪器很多,其中定量玻璃仪器主要有滴定管、容量瓶和移液管,非定量玻璃仪器如称量瓶、碘量瓶和干燥器等在滴定分析法中也很常用。

1. 滴定管

滴定管是滴定分析中最基本的测量仪器,由具有准确刻度的细长玻璃管及开关组成,滴定时用来测量自管内流出的溶液的体积。

(1)滴定管的种类

滴定管一般可分为酸式滴定管、碱式滴定管与酸碱通用型滴定管(图 2-24)。

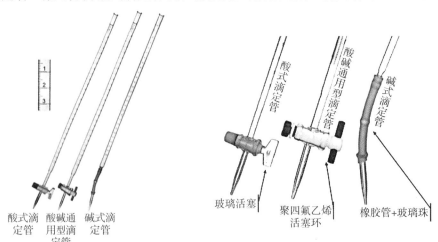

图 2-24 滴定管

酸式滴定管下端带有玻璃活塞,用于盛放酸性溶液或氧化性溶液;碱式滴定管用于盛放碱性溶液,其下端连接橡胶管,内放玻璃珠,以控制溶液的流速,橡胶管下端再连接一尖嘴玻璃管。碱式滴定管的准确度不如酸式滴定管,因为橡皮管的弹性会造成液面的变动。

酸碱通用型滴定管采用耐腐蚀的聚四氟乙烯作为活塞,既可盛装酸性溶液,也可盛装碱性溶液。酸碱通用型滴定管操作便利,适用性强,实际使用中已广泛取代酸式滴定管与碱式滴定管。

（2）滴定管的规格

常量分析用滴定管的规格为 10 mL、15 mL、25 mL 和 50 mL,最小刻度为 0.1 mL,读数可估计到 0.01 mL。一般有 ±0.01 mL 的读数误差,如果滴定所消耗溶液的体积过小,则滴定管的读数误差增大。

用于半微量分析的滴定管刻度区分至 0.02 mL,可以估读到 0.005 mL。

用于微量分析的微量滴定管容量一般为 1～5 mL,刻度区分小至 0.01 mL,可估读到 0.002 mL。

滴定分析时,若消耗滴定液在 25 mL 以上,可选用 50 mL 滴定管;15～25 mL,可用 25 mL 滴定管;10～15 mL,可用 15 mL 滴定管;10 mL 以下,宜用 10 mL 滴定管,以减少滴定时体积测量的误差。

（3）滴定管的颜色

滴定管有透明、棕色两种（图 2-25）,一般需避光的滴定液（如硝酸银滴定液、碘滴定液、高锰酸钾滴定液、亚硝酸钠滴定液、溴滴定液等）用棕色滴定管。

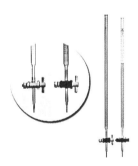

图 2-25　透明滴定管与棕色滴定管

（4）滴定管使用方法

①检漏:滴定管洗涤或使用前应先检漏,将滴定管装入适量水(若是酸式滴定管需先关闭活塞),置滴定管架上直立约 2 min,观察有无水渗出或漏水;然后将酸式滴定管活塞旋转 180°,再静置约 2 min,观察有无水渗出或漏水。若均不漏水,即可使用。

若酸式滴定管漏水或活塞不润滑、活塞转动不灵活,在使用前,应在活塞上涂凡士林。操作方法是将滴定管活塞拔出,用滤纸将活塞及活塞套擦干,用手指在活塞两头绕圈涂一薄层凡士林,注意勿将活塞孔堵住。然后将活塞插入活塞套内,沿同一方向转动活塞,直到活塞透明为止(图 2-26)。最后用橡皮圈套住活塞尾部,以防脱落打碎活塞。

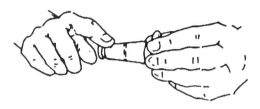

图 2-26   涂凡士林

若碱式滴定管漏水，可将橡胶管中的玻璃珠稍加转动，或稍微向上推或向下移动，若处理后仍漏水，则需要更换玻璃珠或橡胶管。

酸碱通用型滴定管的旋塞由聚四氟乙烯材料制成。聚四氟乙烯性质优良，稳定性好，密封性强，耐磨损、耐酸碱，且无须润滑剂。酸碱通用型滴定管如漏水，可通过紧固螺母或更换橡胶垫片保证其密封性，无须用凡士林对聚四氟乙烯旋塞进行密封。

②洗涤：如果滴定管无明显污渍，可直接用自来水冲洗，再用纯化水润洗 2～3 次；如不能洗干净，则需用铬酸洗液洗涤。

酸式滴定管（或酸碱通用型滴定管）用铬酸洗液洗涤时，应先关好活塞。将洗液倒入滴定管 1/3～1/2 处，两手平端滴定管，不断转动，直至滴定管内壁布满洗液为止，然后打开活塞，将洗液放回洗液瓶中；若污渍严重，可倒入湿热洗液浸泡一段时间。用洗液洗过的滴定管，应再用自来水冲洗多次，最后用少量纯化水润洗 2～3 次。

碱式滴定管如需用洗液洗涤，应注意铬酸洗液不能接触橡胶管。可将碱式滴定管倒立于装有铬酸洗液的玻璃槽内浸泡一段时间后，再用自来水冲洗，最后用纯化水润洗 2～3 次。

洗净的标准是滴定管倒置内壁无水珠。

③装液：为了使装入滴定管的溶液不被滴定管内壁的水稀释，必须先用待装溶液润洗滴定管。先加入待装溶液至滴定管 1/3～1/2 处，然后两手平端滴定管，慢慢转动，使溶液润遍全管，打开滴定管的活塞，使溶液从管口下端流出。润洗 2～3 次后，再开始装入溶液，装液时要直接从试剂瓶注入滴定管，不能经小烧杯或漏斗等其他容器加入。

④排气泡：当溶液装入滴定管时，出口管还没有充满溶液，应排气。若是酸式滴定管（或酸碱通用型滴定管），则将滴定管倾斜 30°，迅速旋开活塞使溶液流出，将溶液充满全部出口管；若是碱式滴定管，则将橡胶管向上弯曲，使玻璃尖嘴朝向斜上方，用两指挤压玻璃珠，使溶液从出口管喷出，气泡随之逸出（图 2-27）。

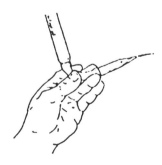

图 2-27   碱式滴定管排气泡方法

气泡排出后,继续加入溶液至刻度线以上,等待 30 s 再转动活塞或挤捏玻璃珠,把液面调节在 0.00 mL 刻度线处,或在"0"刻度线以下但接近"0"刻度线处。

⑤读数:滴定至终点时,需等待 1～2 min 后读数。读数时,要把滴定管从滴定管架上取下,用右手大拇指和食指夹持在滴定管液面上方,使滴定管与地面呈垂直状态。读数时视线必须与液面保持在同一水平面上(图 2-28)。对于无色或浅色溶液,读取溶液的弯月面最低处与刻度相切点;对于深色溶液如高锰酸钾、碘溶液等,可读两侧最高点的刻度。若滴定管的背后有一条蓝带,无色溶液这时就形成了两个弯月面,并且相交于蓝线的中线上,读数时即读此交点的刻度;若是深色溶液,读取液面两侧最高点的刻度。每次测定最好将溶液装至滴定管的"0"刻度线或"0"刻度线稍低位置,平行测定时每次必须在同一位置,主要是为了保证平行滴定时滴定管引入的系统误差相同,使测定结果有较高的精密度。同时,从"0"刻度线开始也便于读数得出滴定体积,并减少滴定管内液体不够用的可能性。读数应读至毫升小数点后第 2 位,即要求估读到 0.01 mL。

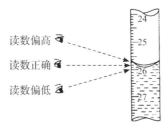

图 2-28 在不同位置观察得到的滴定管读数

⑥滴定操作:使用酸式滴定管(或酸碱通用型滴定管)时,左手握滴定管,无名指和小指向手心弯曲,轻轻地贴着出口管部分,用其余三指控制活塞的转动[图 2-29(a)]。注意不要向外用力,以免推出活塞造成漏液,应使活塞稍有一点向手心的回力。

使用碱式滴定管时,仍以左手握滴定管,拇指在前、食指在后,其他三指辅助夹住出口管,用拇指和食指捏住玻璃珠所在部位,向右挤压橡胶管,使玻璃珠移至手心一侧,这样使溶液可从玻璃珠与橡胶管之间的空隙流出[图 2-29(b)]。注意不要用力捏玻璃珠,也不要使玻璃珠上下移动,更不要捏玻璃珠下部的橡胶管,以免空气进入而形成气泡,影响体积的准确性。

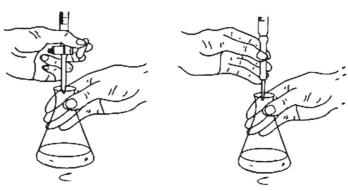

(a)酸式滴定管操作　　　　　(b)碱式滴定管操作

图 2-29 滴定管操作示意

被测溶液一般装在锥形瓶中(必要时也可装在烧杯中),滴定管下端伸入瓶中 1~2 cm,左手按前述方法操作滴定管,右手的拇指、食指和中指拿住锥形瓶颈,沿同一方向按圆周摇动锥形瓶,不要前后或上下振动。边滴边摇,两手协同配合,开始滴定时,被测溶液无明显变化,液滴流出速率可快一些,但必须成滴而不能呈线状流出,滴定速度一般控制在 3~4 滴/s。当接近终点时,颜色变化较慢,这时应逐滴加入,每加 1 滴即将溶液摇匀,观察颜色变化情况,再决定是否还要滴加溶液。最后应控制液滴悬而不落(这时加入的是半滴溶液),用锥形瓶内壁把液滴碰靠下来,用洗瓶的纯化水吹洗锥形瓶(控制用水量不能太多),摇匀。如此反复操作,直至颜色变化至指定颜色且 30 s 不褪色(或不变色),此时即为滴定终点。到达滴定终点并读数后,滴定管内剩余的溶液应弃去,不要倒回原瓶中(若是继续使用同种滴定液,则续加即可)。

滴定操作结束后,滴定管需用自来水冲洗干净,倒立夹在滴定管架上。也可在滴定结束后,放出滴定管中剩余滴定液,再用纯化水润洗滴定管,并将滴定管注满纯化水夹于滴定管夹上,上盖玻璃短试管或塑料套管以防止灰尘污染,以便下次使用时放出滴定管中纯化水,用待装滴定液润洗,简化下次操作润洗流程。

(5)滴定管使用的注意事项

①酸式滴定管的活塞与滴定管是配套的,不能任意更换。

②碱性滴定液不宜使用酸式滴定管,因碱性滴定液常腐蚀玻璃,使玻璃塞与塞孔黏合,以至于难以转动;其余滴定液大都可用酸式滴定管。如果碱性滴定液浓度不大、使用时间不长,用毕后立即用水冲洗,亦可使用酸式滴定管。

③酸碱通用型滴定管采用聚四氟乙烯材质作活塞,可装酸液,也可装碱液。

④在装满滴定液放至"0"刻度后,静置 1~2 min 再记录读数,然后开始滴定;滴定至终点后,需再等 1~2 min,使附着在内壁的滴定液流下来后再读数,如果滴定放出滴定液速度很慢,等半分钟后读数也可,"终读"也至少读 2 次。"初读"与"终读"应用同一标准。读数时,视线、刻度、液面的弯月面最低点应在同一水平线上。

⑤酸式滴定管长期不用时,活塞部分应垫上纸,否则时间一久,塞子不易打开。碱式滴定管长期不用时,橡胶管应拔下,蘸些滑石粉保管。酸碱通用型滴定管活塞无须取下,长期不用时,洗净沥干后,活塞保持打开状态,于收纳盒中存放。

2. 容量瓶

容量瓶是用于准确配制一定浓度的溶液的测量容器。容量瓶是一种梨形长颈的平底玻璃瓶,配有磨口塞(或者塑料塞),塞与瓶应编号配套或用绳子相连,以免配错。容量瓶瓶颈上刻有环状标线,当瓶内液体在指定温度下达到标线处时,其盛装液体体积即为瓶腹所标注的容积数。

(1)容量瓶规格

常见的容量瓶有 5 mL、10 mL、25 mL、50 mL、100 mL、250 mL、500 mL、1 000 mL和 2 000 mL 等多种规格(图2-30)。容量瓶有无色、棕色两种,配制见光易氧化变质的物质应选用棕色瓶。

(2)容量瓶使用方法

①检漏:容量瓶洗涤之前先检漏,检查瓶塞处是否漏水。在容量瓶内装入约 1/2 瓶

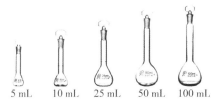

5 mL　　10 mL　　25 mL　　50 mL　　100 mL

图 2-30　不同规格的容量瓶

水,塞紧瓶塞,用右手食指顶住瓶塞,左手五指托住容量瓶底,将其倒立(瓶口朝下)2 min,观察容量瓶是否漏水。若瓶塞周围无水漏出,则将瓶正立,并将瓶塞旋转180°后,再次倒立,检查是否漏水,若瓶塞周围仍无水漏出,即表明容量瓶不漏水。经检查不漏水的容量瓶才能使用。

②洗涤:检漏后应将容量瓶洗涤干净,容量瓶的洗涤程序与滴定管相同,如需洗液洗涤,小容量瓶可装满洗液浸泡一定时间;容量大的容量瓶,注入约 1/3 容积的洗液,塞紧瓶塞,摇动片刻,隔几分钟再摇动几次即可洗净。若污渍严重,可倒入温热洗液浸泡一段时间后再清洗。

③配制溶液:先将准确称量好的固体溶质放在烧杯中,用少量溶剂溶解,然后把溶液转移到容量瓶中。为保证溶质能全部转移至容量瓶中,要用溶剂多次洗涤烧杯,并把洗涤溶液全部转移至容量瓶中。转移时应用玻璃棒引流,方法是将玻璃棒一端靠在容量瓶内壁上,注意不要让玻璃棒的其他部位触及容量瓶口,防止液体流到容量瓶外壁(图 2-31)。加入的溶液或溶剂至容量瓶的 1/3～1/2 容积时,手持容量瓶颈部,平摇容量瓶几次,再继续向容量瓶内加入溶液或溶剂。

向容量瓶加入的溶液或溶剂至液面离标线 1 cm 左右时,应改用干净滴管小心滴加,必须注意弯月面最低处要恰好与瓶颈上的刻度相切(观察时眼睛应与液面、刻度在同一水平面上)。若所加溶剂超过刻度线,则必须重新配制。

④摇匀:定容之后必须将容量瓶内的溶液混合均匀,先盖紧瓶塞,然后将容量瓶一正一倒 15～20 次(图 2-32)。摇匀、静置后,如液面低于刻度线,是因为容量瓶内的少量溶液在瓶颈处润湿附着,并不影响所配溶液的浓度,故不应往瓶内再添加溶剂至标线,否则将使配制的溶液浓度降低。

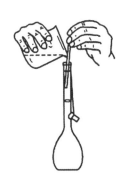

图 2-31　将溶液转移到容量瓶中

图 2-32　容量瓶溶液摇匀操作

（3）注意事项

①容量瓶的容积是一定的,一种型号的容量瓶只能配制一定体积的溶液。在配制溶液前,先要弄清楚需要配制的溶液的体积,然后选用合适的容量瓶。

②易溶解且不发热的物质可直接倒入容量瓶中溶解,大多数物质不能直接在容量瓶中进行溶解,需将溶质在烧杯中溶解后转移到容量瓶中。

③用于洗涤烧杯的溶剂总量与第一次溶解溶质的溶剂的量之和不能超过容量瓶的标线。

④容量瓶不能进行加热。如果溶质在溶解过程中放热,也要待溶液在烧杯中冷却后再进行转移,因为一般的容量瓶的体积是在 20 ℃温度时标定的,若将温度较高或较低的溶液注入容量瓶,容量瓶热胀冷缩,所量体积就不准确,导致所配制的溶液浓度不准确。

⑤容量瓶只能用于配制溶液,不能储存溶液。配制好的溶液应及时倒入试剂瓶中保存(试剂瓶应先用待装的溶液润洗 2～3 次或烘干后使用),试剂瓶应贴上注明名称、浓度的标签。

3. 移液管

移液管是精密转移一定体积溶液的量器,其移取液体体积通常可准确到 0.01 mL。

（1）移液管规格

移液管通常有两种形状(图 2-33),一种是中部吹成圆柱形的腹式吸管,常见的规格有 1 mL、2 mL、5 mL、10 mL、20 mL、25 mL 和 50 mL 等。腹式吸管只能量取其标注体积的液体。另一种是直形的,管上标有一系列刻度,又称刻度吸管,常见的规格有 1 mL、2 mL、5 mL、10 mL 和 20 mL 等。这种移液管可以量取其刻度范围内的任意体积液体。

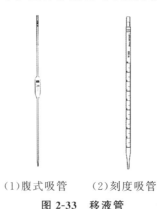

（1）腹式吸管　　（2）刻度吸管

图 2-33　移液管

（2）移液管使用方法

①检查:检查移液管的管口与管尖有无破损,若有破损,则不能使用。

②洗涤:移液管的洗涤程序与滴定管相同,如果不洁净,用自来水冲洗后,用铬酸洗液洗涤,先用洗耳球将洗液吸入移液管 1/3～1/2 处,然后平握移液管,不断转动,直到洗液浸润全管内壁,将洗液放回原洗液瓶[如仍不能洗净,则把移液管放入装有洗液(或温热洗液)的玻璃槽或缸内浸泡一段时间]。再用自来水冲洗至内、外壁不挂水珠,最后用纯化水润洗 3 次。

在移取溶液之前,还必须用待取溶液润洗。摇匀待取溶液,取少部分待取溶液于洗净并干燥的小烧杯中(洗净的小烧杯如不干燥,也可用少量待取溶液润洗内壁 3～4 次),用滤纸将清洗过的移液管尖端内外的水分吸干,插入小烧杯中吸取溶液,当吸至移液管容积的 1/3 时,立即用右手食指按住管口,取出,横持并转动移液管(图 2-34),使溶液流遍全管内壁,将溶液从下端尖口处排入废液杯内。如此操作,润洗 3～4 次后即可吸取溶液。

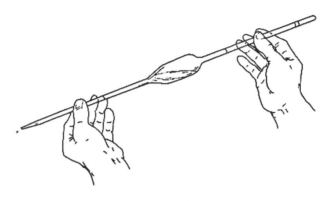

图 2-34　移液管的润洗

③吸液:先用滤纸擦拭移液管外壁,再用右手拇指及中指捏住移液管标线以上部位,将移液管插入盛液容器中液面下 1～2 cm,左手拿吸耳球,先将球内气体挤出,将洗耳球下端堵住移液管上口[图 2-35(a)],轻轻松开洗耳球,将溶液缓缓吸入移液管,眼睛注意上升液面的位置,避免吸入气体,移液管应随容器内液面下降而下降(注意:插入溶液不能太深,要边吸边往下插入,始终保持距液面 1～2 cm);当液面上升到刻度标线以上 1～2 cm 时,迅速用右手食指堵住移液管上管口(此时若溶液下落至标线以下,应重新吸取),取出移液管,用滤纸擦拭移液管外壁,以吸干附着于外壁的液体。

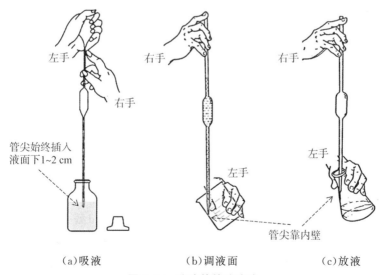

(a)吸液　　　　　　(b)调液面　　　　　　(c)放液

图 2-35　移液管转移溶液

④调液面：左手取一洁净小烧杯，移液管移至小烧杯的上方(移液管保持与水平面垂直)，倾斜小烧杯，移液管垂直向下并使管尖紧靠小烧杯内壁[图2-35(b)]，稍微松开右手食指(可微微转动移液管)，使液面缓缓下降，此时视线应平视标线，液面降至标线时，按紧右手食指，停顿片刻，再按上述方法将溶液的弯月面最低处放至与标线上缘相切，立即按紧食指压住管口，使液体不再流出。将移液管出口尖端接触洁净小烧杯内壁，向烧杯口移动少许，以脱去尖端外残留液体。

⑤放液：将移液管迅速移至接收溶液的容器中，使其出口尖端接触容器壁，将接收溶液的容器微微倾斜，并使移液管直立，然后放松右手食指，使溶液顺壁流下[图2-35(c)]。待溶液流出后，标注"A"的移液管将管尖紧靠容器内壁等待15 s(标注"B"且有"快"字的移液管，放液完成后只需等待3 s即可)。然后将移液管尖端在接收容器靠点处沿壁前后短距离滑动几下(或将移液管尖端靠接收器内壁旋转一周)再移开，此时移液管尖端仍残留有少量溶液，不可用强力使其流出，因校准移液管或吸量管时，已考虑了尖端内壁处保留的溶液体积(对标注"B"且有"快"字的移液管通常同时标有"吹"字，方可用吸耳球吹出管尖存留的液滴)。

⑥洗净：用后洗净移液管，放置于移液管架上，先竖放，控干水分后横放。

(3)使用注意事项

①移液管不可在烘箱中烘干。

②移液管不能移取太热或太冷的溶液。

③同一实验中应尽可能使用同一支移液管。

④移液管必须用洗耳球吸取溶液，不可用嘴吸取。

⑤需精密量取5 mL、10 mL、20 mL和50 mL等整数体积的溶液，应选用相应大小的移液管，不能用多个移液管分取相加的方法来量取整数体积的溶液。

⑥将移液管插入待移溶液中，不能太深也不能太浅，太深会使管外黏附过多溶液，太浅会产生空吸。

⑦选用吸量管时，要与所量取的液体体积相匹配。刻度吸管带全程刻度，可以移取标示规格体积内任意体积的液体，如10 mL刻度吸管可以移取10 mL、9 mL和6 mL等液体。腹式吸管为满程刻度，只有一条环形刻线，只可量取标示体积的液体。

⑧为了减少测量误差，在使用移液管时，吸液时不能直接吸取所需体积液体至对应刻度，而是先吸取液体至所需体积对应刻度以上1～2 cm，然后调整液面至所需刻度处，再以此刻度为起始点，转移放出所需体积的溶液。

⑨移液管和容量瓶常配合使用，因此在使用前常做两者的相对体积校准。

⑩老式移液管通常标有"吹"字样，需要用洗耳球吹出管口残余液体。新式移液管没有标"吹"字，千万不要吹出管口残余液体，否则会引起量取液体过多。

⑪移液管使用完毕后，应立即用自来水及蒸馏水冲洗干净，置于移液管架上晾干。

（二）滴定分析仪器的基本操作练习

1. 滴定管的基本操作练习

（1）以酚酞为指示剂，用 0.1 mol/L 氢氧化钠滴定液滴定盐酸

用 0.1 mol/L 氢氧化钠滴定液润洗碱式滴定管，再装至超过"0"刻度线，赶去气泡，调好零点。用移液管移取 20.00 mL 待测盐酸于洗净的 250 mL 锥形瓶中，加入 2 滴酚酞指示剂（pH 变色范围：8.0 无色～10.0 红色），用 0.1 mol/L 氢氧化钠滴定液滴定至被测溶液由无色变为浅红色 30 s 内不褪色为终点。记录消耗氢氧化钠滴定液的体积，读数准确至 0.01 mL。注意近终点时，氢氧化钠滴定液应逐滴加入，最后半滴半滴加入，滴定管靠在锥形瓶内壁上的氢氧化钠滴定液可用洗瓶中的纯化水淋洗下去。

平行测定 3 次，计算盐酸的浓度。

（2）以甲基橙为指示剂，用 0.1 mol/L 盐酸滴定液滴定氢氧化钠溶液

用 0.1 mol/L 盐酸滴定液润洗酸式滴定管，再装至超过"0"刻度线，赶去气泡，调好零点。用移液管移取待测氢氧化钠溶液 20 mL，放入锥形瓶中，加 1 滴甲基橙指示剂（pH 变色范围：3.1 红～4.4 黄），用滴定管中的盐酸滴定液滴定至橙色，记录消耗的盐酸滴定液的体积。

平行测定 3 次，计算氢氧化钠溶液的浓度。

2. 容量瓶（100.00 mL 容量瓶）的基本操作练习

检漏→转移烧杯中溶液（以约 20 mL 水代替）→润洗烧杯→转移洗液→定容→摇匀。

3. 移液管的基本操作练习

（1）20 mL 腹式吸管：用待装溶液润洗（以容量瓶中的水代替）→吸液→调液面→放液至锥形瓶。

（2）10 mL 刻度吸管：用待装溶液润洗（以容量瓶中的水代替）→吸液→调液面→放液至锥形瓶（一毫升一毫升地将溶液放至锥形瓶，练习控制放液量）。

五、注意事项

1. 滴定管、容量瓶和移液管均不可用非专用毛刷或其他粗糙物品擦洗内壁，以免造成内壁划痕、容量不准。

2. 使用铬酸洗液时应注意安全，千万不要接触皮肤和衣物。

3. 用滴定管装溶液时，滴定液要直接从试剂瓶倒入滴定管内，不能经过其他容器转移，以免污染滴定液或影响滴定液的浓度。

4. 滴定完毕，必须静置 1～2 min，待内壁溶液完全流下再读数，每次滴定的初读数和末读数必须由同一人读取，以减小误差。

5. 容量瓶的磨口塞是配套的，不能随便调换，一般用橡皮筋或细绳把塞子系在瓶颈上，以防拿错或摔破。

6. 使用移液管时，一般右手拿移液管，左手拿洗耳球；吸液至适当位置时，应迅速用右手食指堵住管口。

7. 吸取溶液后取出移液管,应先用滤纸拭干移液管下端外壁,再调整液面,而不是先调整液面再用滤纸擦干。

8. 为得到准确的体积,使用移液管要注意液面调节,可微松食指使液面缓缓下降,这样才能控制液面随需而停;眼睛视线与液面水平,液面最低点与刻度线相切。

9. 滴定时,每次应从 0.00 mL 开始,或从 0.00 mL 以下附近某一刻度开始,这样可固定在某一段体积范围内滴定,减少测量误差。滴定读数必须准确到 0.01 mL。

六、数据记录与处理

1. 0.1 mol/L NaOH 滴定液滴定盐酸,计算盐酸浓度,见表 2-15。

表 2-15   0.1 mol/L NaOH 滴定液滴定盐酸记录

测定次数		1	2	3
盐酸的体积 V/mL		20.00	20.00	20.00
NaOH 滴定液的体积	$V_末$/mL			
	$V_初$/mL			
	$V_{消耗}$/mL			
c_{HCl}/(mol/L)				
$\bar{c}_{HCl}$/(mol/L)				

已知:$c_{NaOH} =$ _____。

(1)盐酸浓度的计算

$$c_{HCl}V_{HCl} = c_{NaOH}V_{NaOH}$$

$$c_{HCl} = \underline{\hspace{3cm}}$$

(2)相对平均偏差($\bar{R}_d$)和相对标准偏差(RSD)的计算

$$\bar{R}_d = \underline{\hspace{3cm}}$$

$$RSD = \underline{\hspace{3cm}}$$

2. 0.1 mol/L 盐酸滴定液滴定 NaOH 溶液,计算 NaOH 溶液的浓度,见表 2-16。

表 2-16   0.1 mol/L 盐酸滴定液滴定 NaOH 溶液记录

测定次数		1	2	3
NaOH 溶液的体积 V/mL		20.00	20.00	20.00
盐酸滴定液的体积	$V_末$/mL			
	$V_初$/mL			
	$V_{消耗}$/mL			
c_{NaOH}/(mol/L)				
$\bar{c}_{NaOH}$/(mol/L)				

已知:$c_{HCl} = $ _____。

(1)NaOH 溶液浓度的计算

$$c_{HCl}V_{HCl} = c_{NaOH}V_{NaOH}$$

$$c_{NaOH} = $$ _____

(2)相对平均偏差$(\overline{R}_d)$和相对标准偏差(RSD)的计算

$$\overline{R}_d = $$ _____

$$RSD = $$ _____

七、问题与讨论

1. 如果酸式滴定管出现凡士林堵塞管口现象,应如何处理?
2. 在滴定开始前和停止后,滴定管尖嘴处留有的液体各应如何处理?
3. 若用碱液滴定酸液,用甲基橙作指示剂,则滴定终点应如何确定?

项目三 盐酸滴定液的配制与标定

一、实训任务

1. 熟练掌握盐酸滴定液的配制与标定方法、盐酸滴定液的浓度计算。
2. 学会用溴甲酚绿-甲基红混合指示剂确定滴定终点。
3. 学会对实训结果进行评价。

二、实训原理

酸碱滴定法常用的酸性滴定液是盐酸。由于浓盐酸具有挥发性,不符合基准物质的条件,因此常用间接法配制。标定盐酸常用的基准物质是无水 Na_2CO_3。由于 Na_2CO_3 易吸收空气中的 CO_2 而生成会干扰滴定的 $NaHCO_3$,因此在标定前应将 Na_2CO_3 置于 270~300 ℃的烘箱中加热,使 $NaHCO_3$ 受热分解放出 CO_2 与水蒸气,生成 Na_2CO_3,以排除 $NaHCO_3$ 的干扰。

$$2NaHCO_3 \xrightarrow{270\sim300\ ℃} Na_2CO_3 + H_2O \uparrow + CO_2 \uparrow$$

Na_2CO_3 可看作二元弱碱,其两级离解常数大于或近似等于 10^{-8},因此可用盐酸滴定液直接滴定。其标定反应为

$$Na_2CO_3 + 2HCl \longrightarrow 2NaCl + CO_2 \uparrow + H_2O$$

当反应完全到达第二化学计量点时,溶液为 H_2CO_3 溶液,显弱酸性,pH 为 3.89,可

选用溴甲酚绿-甲基红混合指示剂指示终点。由于 H_2CO_3 溶液易形成饱和溶液,使计量点附近酸度改变较小,导致指示剂颜色变化不够敏锐,因此在反应接近终点时,应将溶液煮沸,摇动锥形瓶释放部分 CO_2,冷却后再继续滴定至终点。平行测定 3 次。

由以上反应可知,1 mol Na_2CO_3 ~ 2 mol HCl,整理后可得

$$c_{HCl} = \frac{2m_{Na_2CO_3}}{M_{Na_2CO_3}V_{HCl}} \times 10^3 \ (M_{Na_2CO_3} = 105.99 \text{ g/mol})$$

也可以根据滴定度计算,每 1 mL HCl(0.1 mol/L)滴定液相当于 5.300 mg Na_2CO_3。计算公式为

$$m_{Na_2CO_3} = V_{HCl} \times 5.300 \times 10^{-3} \times \frac{c_{HCl}}{0.1}$$

三、仪器与试剂

仪器:电子天平、称量瓶、通用型滴定管、标签、玻璃棒、量筒(10 mL、50 mL)、试剂瓶(500 mL)、量杯(500 mL)、锥形瓶(250 mL)。

试剂:浓盐酸、基准 Na_2CO_3、溴甲酚绿-甲基红混合指示剂、纯化水。

四、实训步骤

(一)0.1 mol/L HCl 滴定液的配制

1. 根据公式 $c_1V_1 = c_2V_2$,计算所需浓盐酸的体积(浓盐酸浓度为 12 mol/L)。

2. 用洁净的量筒取一定体积的浓盐酸至 500 mL 量杯中,再加纯化水稀释至 500 mL,摇匀后置于 500 mL 试剂瓶中,贴上标签,备用。

(二)0.1 mol/L HCl 滴定液的标定

精密称取在 270~300 ℃干燥至恒重的基准无水 Na_2CO_3 约 0.15 g 于 250 mL 锥形瓶中,加 50 mL 纯化水溶解后,加溴甲酚绿-甲基红混合指示剂 10 滴,用待标定的 HCl 滴定液滴定至溶液由绿色变为紫红色,停止滴定,将锥形瓶放在电炉上加热煮沸 2 min,溶液又从紫红色变回绿色,冷却至室温,继续用 HCl 滴定液滴定至溶液呈暗紫色,即为终点。记录消耗 HCl 滴定液的体积。平行测定 3 次。

五、注意事项

1. 无水 Na_2CO_3 作为基准物质标定 HCl 滴定液,使用前必须将 Na_2CO_3 置于 270~300 ℃烘箱中烘 1 h,再放置于干燥器中保存。

2. 无水 Na_2CO_3 经高温烘烤后,极易吸收空气中的水分,故称量时动作要快,瓶盖一定要盖严,以防吸潮。

3. 若煮沸约 2 min 后溶液仍然显紫红色,说明滴入盐酸已过量,应重做。

六、数据记录与处理

数据记录与处理见表 2-17。

表 2-17 盐酸滴定液的标定记录

测定次数		1	2	3
基准 Na_2CO_3 的质量/g				
V_{HCl}	$V_{末}$/mL			
	$V_{初}$/mL			
	$V_{消耗}$/mL			
c_{HCl}/(mol/L)				
$\bar{c}_{HCl}$/(mol/L)				
$\bar{R}_d$				
RSD				

七、问题与讨论

1. 在标定盐酸的操作中,"精密称取在 $270\sim300$ ℃ 干燥至恒重的基准无水 Na_2CO_3 约 0.15 g"。

(1)恒重是指什么?其意义何在?

(2)称出基准无水 Na_2CO_3 约 0.15 g 的理由是什么?

2. 用基准 Na_2CO_3 标定 HCl 滴定液,为什么在近终点时要加热煮沸溶液?加热后又为什么要冷却至室温才能滴定?加热后溶液仍然显紫红色又说明什么?

项目四 氢氧化钠滴定液的配制与标定

一、实训任务

1. 熟练掌握 0.1 mol/L NaOH 滴定液的配制与标定方法、NaOH 滴定液的浓度计算。

2. 熟练掌握碱式滴定管的使用和操作方法。

二、实训原理

NaOH 易吸收空气中的 CO_2 而生成 Na_2CO_3,反应如下:

$$2NaOH + CO_2 = Na_2CO_3 + H_2O$$

NaOH 滴定液采用间接法配制。标定 NaOH 滴定液的基准物质有苯甲酸($C_7H_6O_2$)、草酸($H_2C_2O_4 \cdot 2H_2O$)、邻苯二甲酸氢钾($KHC_8H_4O_4$)等。通常用邻苯二甲酸氢钾标定 NaOH 滴定液,其标定反应如下:

到达计量点时,生成的弱酸强碱盐水解,溶液为碱性,用酚酞作指示剂指示终点。

由以上反应可知,1 mol $KHC_8H_4O_4$ ~ 1 mol NaOH,整理后得

$$c_{NaOH} = \frac{m_{KHC_8H_4O_4}}{V_{NaOH}M_{KHC_8H_4O_4}} \times 10^3 \quad (M_{KHC_8H_4O_4} = 204.22 \text{ g/mol})$$

也可根据滴定度计算,每 1 mL NaOH(0.1 mol/L)滴定液相当于 20.42 mg $KHC_8H_4O_4$。计算公式为

$$m_{KHC_8H_4O_4} = V_{NaOH} \times 20.42 \times 10^{-3} \times \frac{c_{NaOH}}{0.1}$$

三、仪器与试剂

仪器:台称、塑料瓶、电子天平、称量瓶、通用型滴定管、玻璃棒、量筒(10 mL、50 mL)、试剂瓶(500 mL)、烧杯(500 mL)、锥形瓶(250 mL)、标签、表面皿。

试剂:固体 NaOH、基准邻苯二甲酸氢钾、纯化水、酚酞指示剂。

四、实训步骤

(一)0.1 mol/L NaOH 滴定液的配制

为了排出 NaOH 中的 Na_2CO_3,通常将 NaOH 配成饱和溶液(其密度为 1.56 g/cm³,质量分数为 52%),因为 Na_2CO_3 在 NaOH 饱和溶液中的溶解度很小,可沉淀于塑料瓶底部。用台秤称取 NaOH 约 120 g,倒入装有 100 mL 纯化水的烧杯中,搅拌使之溶解形成饱和溶液,贮于塑料瓶中,静置数日,澄清后备用。

取澄清的饱和 NaOH 溶液 2.8 mL,置于 500 mL 试剂瓶中,加新煮沸并放冷的纯化水 500 mL,摇匀密塞,贴上标签,备用。

(二)0.1 mol/L NaOH 滴定液的标定

精密称取在 105~110 ℃干燥至恒重的基准物邻苯二甲酸氢钾约 0.5 g,置于 250 mL

锥形瓶中,加纯化水 50 mL,使之完全溶解。加酚酞指示剂 2 滴,用待标定的 NaOH 溶液滴定至溶液呈淡红色且 30 s 不褪色即可。平行测定 3 次。根据消耗的 NaOH 溶液的体积,计算 NaOH 滴定液的浓度和相对平均偏差($\overline{R}_d$)、相对标准偏差(RSD)。

五、注意事项

1. 固体 NaOH 应放在表面皿上或小烧杯中称量,不能在称量纸上称量,因为氢氧化钠具有腐蚀性,极易吸潮。

2. 滴定前应检查橡胶管内和滴定管尖端处是否有气泡,如有气泡应排出。

3. 盛放基准物的 3 个锥形瓶应编号,以免混淆。

六、数据记录与处理

数据记录与处理见表 2-18。

表 2-18 氢氧化钠滴定液的标定记录

测定次数		1	2	3
基准 $KHC_8H_4O_4$ 的质量/g				
V_{NaOH}	$V_{末}$/mL			
	$V_{初}$/mL			
	$V_{消耗}$/mL			
c_{NaOH}/(mol/L)				
$\overline{c}_{NaOH}$/(mol/L)				
$\overline{R}_d$				
RSD				

七、问题与讨论

1. NaOH 滴定液滴定锥形瓶中溶液至呈浅红色且 30 s 不褪色即为终点。为什么要 30 s 内不褪色? 30 s 后褪色行吗? 为什么?

2. 用邻苯二甲酸氢钾基准物标定 NaOH 溶液的浓度,若消耗 0.1 mol/L NaOH 滴定液约 20 mL,应称取邻苯二甲酸氢钾多少克?

项目五　高锰酸钾滴定液的配制与标定

一、实训任务

1. 熟练掌握 $KMnO_4$ 滴定液的配制。
2. 熟练掌握基准物 $Na_2C_2O_4$ 标定 $KMnO_4$ 滴定液的方法。
3. 学会 $KMnO_4$ 法滴定速度的控制操作。

二、实训原理

标定 $KMnO_4$ 滴定液常用的基准物质为 $Na_2C_2O_4$，反应的离子方程式为

$$2MnO_4^- + 5C_2O_4^{2-} + 16H^+ \rightleftharpoons 2Mn^{2+} + 10CO_2 \uparrow + 8H_2O$$

2 mol $KMnO_4$ 与 5 mol $Na_2C_2O_4$ 恰好完全反应，计算公式为

$$c_{KMnO_4} = \frac{2 \times m_{Na_2C_2O_4}}{5V_{消耗} \times 10^{-3} \times M_{Na_2C_2O_4}} (M_{Na_2C_2O_4} = 134.00 \text{ g/mol})$$

式中：$m_{Na_2C_2O_4}$——草酸钠的质量，g；

$\quad\quad V_{消耗}$——消耗的 $KMnO_4$ 滴定液体积，mL。

也可以根据滴定度进行计算，每 1 mL $KMnO_4$(0.02 mol/L)滴定液相当于 6.70 mg $Na_2C_2O_4$。计算公式为

$$m_{Na_2C_2O_4} = V_{KMnO_4} \times 6.70 \times 10^{-3} \times \frac{c_{KMnO_4}}{0.020\ 00}$$

滴定开始时，反应速率较慢，加入的 $KMnO_4$ 不能立即褪色。但一经反应生成 Mn^{2+} 后，Mn^{2+} 对该反应有催化作用，反应速率加快。也常常以滴定热溶液的方法来提高反应速率。

$KMnO_4$ 溶液本身有颜色，因此可作自身指示剂。终点前 MnO_4^- 被还原成 Mn^{2+}，溶液呈无色，稍过量的 $KMnO_4$ 使溶液呈浅红色，指示终点到达。

三、仪器与试剂

仪器：电子天平、称量瓶、酸式滴定管、玻璃棒、垂熔玻璃滤器、试剂瓶(500 mL)、量杯(500 mL)、锥形瓶(250 mL)、标签。

试剂：$KMnO_4$(AR)、$Na_2C_2O_4$(基准物质)、纯化水、浓硫酸(AR)。

四、实训步骤

(一)0.02 mol/L KMnO₄ 滴定液的配制

取 KMnO₄ 3.2 g,加水 1 000 mL,煮沸 15 min,密塞,静置 2 d 以上,用垂熔玻璃滤器过滤,摇匀,存于棕色玻璃瓶中,贴上标签,备用。

(二)0.02 mol/L KMnO₄ 滴定液的标定

精密称取在 105~110 ℃干燥至恒重的基准物 $Na_2C_2O_4$ 0.12~0.14 g,置于 250 mL 锥形瓶中,加新煮沸过的冷水 170 mL 与浓硫酸 7 mL,搅拌使溶解。自滴定管中迅速加入 KMnO₄ 溶液约 17 mL(边加边振摇,以避免产生沉淀),待褪色后,加热至 65 ℃,继续滴定至溶液显微红色并保持 30 s 不褪色,即为终点。滴定终了,溶液温度应不低于 55 ℃。平行测定 3 次,根据消耗的 KMnO₄ 溶液的体积与 $Na_2C_2O_4$ 的质量,计算 KMnO₄ 滴定液的准确浓度和相对平均偏差($\overline{R}_d$)、相对标准偏差(RSD)。

五、注意事项

1. KMnO₄ 的氧化能力很强,易被水中的微量还原性物质还原而产生 MnO_2 沉淀。KMnO₄ 在水中也能自行发生分解:

$$4KMnO_4 + 2H_2O \Longleftrightarrow 4MnO_2 + 3O_2\uparrow + 4KOH$$

该分解反应速率较慢,但能被 MnO_2 所加速,见光则分解得更快。为了得到稳定的 KMnO₄ 溶液,需将溶液中析出的 MnO_2 沉淀滤掉,置棕色瓶中于冷暗处保存。

2. KMnO₄ 在酸性溶液中是强氧化剂,易与空气中的还原剂发生反应。当滴定到达终点时,过量 1 滴 KMnO₄ 即可使溶液呈粉红色,但在空气中放置时,很容易与空气中的还原性气体或还原性灰尘作用而逐渐褪色。因此对终点的判断是在出现粉红色后,经 30 s 不褪色,即可认为到达终点。

六、数据记录与处理

数据记录与处理见表 2-19。

表 2-19　高锰酸钾滴定液的标定数据记录与处理

测定次数		1	2	3
$m_{Na_2C_2O_4}/g$				
V_{KMnO_4}	$V_末/mL$			
	$V_初/mL$			
	$V_{消耗}/mL$			
$c_{KMnO_4}/(mol/L)$				
$\bar{c}_{KMnO_4}/(mol/L)$				
$\bar{R}_d$				
RSD				

七、问题与讨论

1. 本实验中能否用 HCl 或 HNO₃ 替代 H₂SO₄ 酸化溶液？
2. 能否用滤纸过滤高锰酸钾溶液？

项目六　过氧化氢含量的测定

一、实验训任务

1. 掌握 KMnO₄ 法测定 H₂O₂ 含量的方法。
2. 掌握根据实验内容和操作程序处理实验数据的方法。

二、仪器与试剂

仪器：酸碱通用型滴定管、移液管（1 mL）、锥形瓶（250 mL）、标签。
试剂：KMnO₄ 滴定液（0.02 mol/L）、1.5% H₂O₂、1 mol/L H₂SO₄ 溶液。

三、实训原理

H₂O₂ 既有氧化性，又有还原性，在酸性溶液中可与 KMnO₄ 反应：
$$2MnO_4^- + 5H_2O_2 + 6H^+ \rightleftharpoons 2Mn^{2+} + 5O_2\uparrow + 8H_2O$$
系数　　　　2　：　5

$$物质的量 c_{\text{KMnO}_4} V_{\text{KMnO}_4} : \frac{m_{\text{H}_2\text{O}_2}}{M_{\text{H}_2\text{O}_2}}$$

可得 $m_{\text{H}_2\text{O}_2} = \frac{5}{2} \times c_{\text{KMnO}_4} \times V_{\text{KMnO}_4} \times M_{\text{H}_2\text{O}_2}$,则有

$$\rho_{\text{H}_2\text{O}_2} = \frac{\dfrac{5}{2} \times c_{\text{KMnO}_4} \times V_{\text{KMnO}_4} \times M_{\text{H}_2\text{O}_2}}{V_\text{s}} \times 100\%$$

式中:$\rho_{\text{H}_2\text{O}_2}$——质量浓度,g/mL;

$M_{\text{H}_2\text{O}_2} = 34.01$ g/mol。

也可根据滴定度进行计算,每 1 mL KMnO$_4$ 滴定液(0.02 mol/L)相当于 1.700 mg H$_2$O$_2$。计算公式为

$$m_{\text{H}_2\text{O}_2} = 1.700 \times 10^{-3} \times V_{\text{KMnO}_4} \times \frac{c_{\text{KMnO}_4}}{0.020\,00}$$

$$\rho_{\text{H}_2\text{O}_2} = \frac{1.700 \times 10^{-3} \times V_{\text{KMnO}_4} \times \dfrac{c_{\text{KMnO}_4}}{0.020\,00}}{V_\text{s}} \times 100\%$$

式中:$\rho_{\text{H}_2\text{O}_2}$——质量浓度,g/mL。

四、实训步骤

移液管精密量取 1.5% H$_2$O$_2$ 样品 1.00 mL 3 份,分别置于贮有 20 mL 纯化水的锥形瓶中,各加 1 mol/L H$_2$SO$_4$ 溶液 20 mL,用 KMnO$_4$ 滴定液(0.02 mol/L)滴定至溶液显微红色并保持 30 s 不褪色。平行实验 3 次,根据 KMnO$_4$ 滴定液的浓度、用量和样品的取用量算出 H$_2$O$_2$ 的含量。

五、注意事项

1. 在强酸性溶液中,KMnO$_4$ 可按下式分解:

$$4\text{MnO}_4^- + 12\text{H}^+ \Longleftrightarrow 4\text{Mn}^{2+} + 5\text{O}_2 \uparrow + 6\text{H}_2\text{O}$$

注意:滴定开始时,滴定速度不能过快,以防止来不及反应的 KMnO$_4$ 在酸性溶液中分解。

2. 应控制滴定速度与反应速率一致。KMnO$_4$ 滴定液测定 H$_2$O$_2$,开始反应速率较慢,但由于反应产物 Mn^{2+} 的生成,反应速率逐渐加快。但当近终点时,溶液中 H$_2$O$_2$ 的浓度很低,反应速率又变慢。

六、数据记录与处理

数据记录与处理见表 2-20。

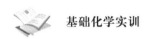

表 2-20　过氧化氢含量的测定数据记录与处理

$c_{KMnO_4} = $ ＿＿＿＿＿＿＿＿＿

测定次数		1	2	3
$V_{H_2O_2}/mL$		1.00	1.00	1.00
V_{KMnO_4}	$V_{末}/mL$			
	$V_{初}/mL$			
	$V_{消耗}/mL$			
$\rho_{H_2O_2}/(g/mL)$				
$\overline{\rho}_{H_2O_2}$				
偏差 d				
平均偏差 $\overline{d}$				
$\overline{R}_d$				
RSD				

七、问题与讨论

市售 H_2O_2 溶液中常含有少量乙酰苯胺或尿素作稳定剂,它们也有还原性,能还原 $KMnO_4$ 而引入误差。为消除误差,可改用什么方法测定?

项目七　氯化钠注射液含量的测定

一、实训任务

1. 掌握吸附指示剂法测定氯化钠注射液含量的方法。
2. 熟练掌握吸附指示剂法滴定条件的控制。
3. 学会用荧光黄指示剂确定滴定终点。

二、实训原理

以荧光黄为指示剂,用 $AgNO_3$ 滴定液测定 Cl^- 的作用原理如图 2-36 所示。

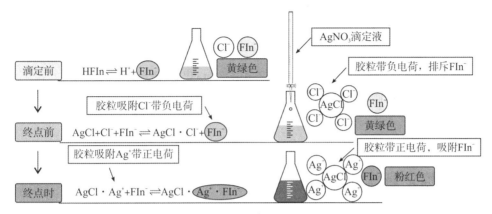

终点时颜色变化：黄绿→粉红

图 2-36 AgNO₃ 滴定液测定Cl⁻的作用原理

终点时 $AgCl \cdot Ag^+ + FIn^-$（黄绿）$\Longrightarrow AgCl \cdot Ag^+ \cdot FIn^-$（微粉红）

由滴定反应 $Ag^+ + Cl^- \Longrightarrow AgCl\downarrow$

可知

$$n_{NaCl} = n_{AgNO_3}$$

$$\rho_{NaCl} = \frac{c_{AgNO_3} V_{AgNO_3} M_{NaCl} \times 10^{-3}}{V_s} \quad (M_{NaCl} = 58.44 \text{ g/mol})$$

也可根据滴定度进行计算，每 1 mL AgNO₃ 滴定液（0.1 mol/L）相当于 5.844 mg NaCl。计算公式为

$$\rho_{NaCl} = \frac{V_{AgNO_3} \times 5.844 \times 10^{-3} \times \dfrac{c_{AgNO_3}}{0.100\ 0}}{V_s}$$

三、仪器与试剂

仪器：酸式滴定管、锥形瓶（250 mL）、移液管、标签。

试剂：AgNO₃ 滴定液（0.1 mol/L）、NaCl 注射液（250 mL∶2.25 g）、糊精溶液（2%）、硼砂溶液（2.5%）、荧光黄指示剂、纯化水。

四、实训步骤

精密量取 NaCl 注射液 10 mL，置于锥形瓶中，加纯化水 40 mL，再加入 2%糊精 5 mL、2.5%硼砂溶液 2 mL、荧光黄指示剂 5~8 滴，用 AgNO₃ 滴定液（0.1 mol/L）滴定至浑浊液由黄绿色变为微粉红色时停止滴定，记录消耗的 AgNO₃ 滴定液的体积。平行测定 3 次，计算 NaCl 注射液的百分含量。每 1 mL AgNO₃ 滴定液（0.1 mol/L）相当于 5.844 mg NaCl。

五、注意事项

1. 为使 AgCl 保持溶胶状态,应加入糊精溶液后,再滴加 $AgNO_3$ 滴定液。

2. 滴定条件应控制 pH 在 7～10,使荧光黄指示剂主要以 FIn^- 离子形式存在。

3.《中国药典》(2015 年版)中氯化钠注射液为氯化钠的等渗灭菌水溶液,含 NaCl 应为 0.850%～0.950%(g/mL)。

六、数据记录与处理

数据记录与处理见表 2-21。

表 2-21　氯化钠注射液的含量测定记录

$c_{AgNO_3} = $ _____

测定次数		1	2	3
m_s/g				
V_{AgNO_3}	$V_{末}/mL$			
	$V_{初}/mL$			
	$V_{消耗}/mL$			
W_{NaCl}/g				
$\overline{W}_{NaCl}/g$				
$\overline{R}_d$				
RSD				

七、问题与讨论

1. 滴定前加入一定量的糊精溶液,其作用是什么?

2. 实验完毕后可否直接用自来水冲洗滴定管和锥形瓶? 为什么?

项目八　水的总硬度的测定

一、实训任务

1. 掌握用配位滴定法测定水的总硬度的原理和操作方法。
2. 熟练掌握计算水的总硬度的方法。
3. 掌握金属指示剂的应用及配位滴定过程中条件的控制。

二、实训原理

测定水的总硬度常采用配位滴定法,用 EDTA 滴定液滴定水中的 Ca^{2+}、Mg^{2+} 总量。通常将每升水中的 Ca^{2+}、Mg^{2+} 总量折算成 $CaCO_3$ 的毫克数来表示水的总硬度。

一般在 pH=10 的 $NH_3 \cdot H_2O\text{-}NH_4Cl$ 缓冲溶液中,以铬黑 T 为指示剂,用 EDTA 滴定至溶液由紫红色变为纯蓝色即为终点。滴定过程中的颜色变化如下:

滴定前　　　　　$Mg^{2+} + HIn^{2-} \Longleftrightarrow MgIn^-（紫红） + H^+$

滴定时　　　　　$Ca^{2+} + H_2Y^{2-} \Longleftrightarrow CaY^{2-} + 2H^+（无色）$

　　　　　　　　$Mg^{2+} + H_2Y^{2-} \Longleftrightarrow MgY^{2-} + 2H^+（无色）$

终点时　　　　　$MgIn^-（紫红） + H_2Y^{2-} \Longleftrightarrow MgY^{2-} + HIn^{2-}（纯蓝） + H^+$

水的总硬度 $(CaCO_3 \text{ mg/L}) = \dfrac{c_{EDTA} \times V_{EDTA} \times M_{CaCO_3}}{V_水} \times 10^3 \quad (M_{CaCO_3} = 100.09 \text{ g/mol})$

三、仪器与试剂

仪器:酸式滴定管、玻璃棒、锥形瓶(250 mL)、移液管(100 mL)、烧杯、电子天平、容量瓶(100 mL)、电热套。

试剂:$Na_2H_2Y \cdot 2H_2O$(AR)、EDTA 滴定液(0.01 mol/L)、$NH_3 \cdot H_2O\text{-}NH_4Cl$ 缓冲溶液(pH=10)、铬黑 T 指示剂。

四、实训步骤

(一)EDTA 标准溶液的配制

精密称取干燥的分析纯 $Na_2H_2Y \cdot 2H_2O$ 0.38 g 于小烧杯中,加 30 mL 纯化水,微热使其溶解,冷却至室温,定量转移至 100 mL 容量瓶中,稀释至刻度,摇匀。按下式计算

EDTA 滴定液的浓度：

$$c_{EDTA} = \frac{m_{Na_2H_2Y\cdot 2H_2O}}{V_{EDTA} \times M_{Na_2H_2Y\cdot 2H_2O}} \times 10^3$$

$$(M_{Na_2H_2Y\cdot 2H_2O} = 372.24 \text{ g/mol})$$

（二）自来水总硬度的测定

用移液管准确量取自来水样 100.00 mL，置于 250 mL 锥形瓶中，加入 $NH_3\cdot H_2O$-NH_4Cl 缓冲溶液（pH=10）10 mL 和铬黑 T 指示剂少许，用 0.01 mol/L EDTA 滴定液滴定至溶液由紫红色变为纯蓝色，记录所用的 EDTA 滴定液的体积。

平行测定 3 次，计算水的总硬度，以 mg/L（$CaCO_3$）表示分析结果。

五、注意事项

1. 贮存 EDTA 溶液应选用聚乙烯瓶或硬质玻璃瓶，以免 EDTA 与玻璃中的金属离子作用。

2. 滴定时，因反应速率较慢，在接近终点时，滴定液应慢慢加入并充分摇动。

3. 滴定时，若有 Fe^{3+}、Al^{3+} 的干扰，可用三乙醇胺掩蔽，Cu^{2+}、Pb^{2+} 等重金属离子可用 KCN、Na_2S 掩蔽。

六、数据记录与处理

数据记录与处理见表 2-22。

表 2-22　水的总硬度测定数据记录与处理

$c_{EDTA} = $ _____

测定次数		1	2	3
$V_{水样}$/mL		100.00	100.00	100.00
V_{EDTA}	$V_{末}$/mL			
	$V_{初}$/mL			
	$V_{消耗}$/mL			
水的总硬度$CaCO_3$/（mg/L）				
水的总硬度平均值/（mg/L）				
$\overline{R}_d$				
RSD				

七、问题与讨论

1. 为什么滴定 Ca^{2+}、Mg^{2+} 总量时要控制 $pH=10$？
2. 如测定水样为日常饮用水，取样时能否打开水管立即取水样？为什么？应如何取水样？

项目九 生理盐水 pH 的测定

一、实训任务

1. 熟练掌握用 pH 计测定溶液 pH 的方法。
2. 学会正确地校准、检验和使用 pH 计。

二、实训原理

直接电位法测定溶液的 pH 常以玻璃电极为指示电极，以饱和甘汞电极为参比电极，浸入待测溶液中组成原电池。

pH 测量电极通常是一个玻璃电极与一个参比电极一起形成电流通路。现代技术中，这些电极可以组合成一个称为复合 pH 电极的单元，不受氧化性物质和还原性物质的影响，平衡速度较快，使用比较广泛。

复合电极分为二复合电极与三复合电极。二复合 pH 电极（图 2-37）是将玻璃电极和参比电极（甘汞电极或银-氯化银电极）组合在一起，构成单一电极体，由内外两个同心管构成。外管为常规的玻璃电极，内管为用玻璃或高分子材料制成的参比电极，内盛参比电极液，插有 $Hg-Hg_2Cl_2$ 电极或 $Ag-AgCl$ 电极，下端为微孔隔离材料，起盐桥作用。三复合 pH 电极（图 2-38）是将参比电极、指示电极和温度探头（由热敏电阻构成）组合在一起，在测定 pH 的同时测量温度。

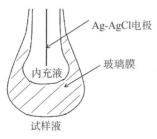

图 2-37 二复合 pH 电极结构

图 2-38 三复合 pH 电极

在具体测定时常采用两次测量法,即先用已知 pH_s 的标准缓冲溶液来校正 pH 计,然后再测定待测溶液的 pH_x。

三、仪器与试剂

仪器:DELTA 320 pH 计、50 mL 小烧杯。

试剂:KH_2PO_4 与 Na_2HPO_4 标准缓冲溶液(pH=6.86,298.15 K)、$Na_2B_4O_7 \cdot 10H_2O$ 标准缓冲溶液(pH=9.18,298.15 K)、生理盐水、去离子水。

四、实训步骤

DELTA 320 pH 计(图 2-39)面板按键功能如图 2-40 所示,其操作指南如图 2-41 所示。

图 2-39　DELTA 320 pH 计

(一)标准 pH 缓冲溶液的配制

按下述方法配制 pH=4.00、pH=6.86 和 pH=9.18 的标准缓冲溶液(298.15 K)。

方法一:使用市面销售的"成套 pH 缓冲剂"即邻苯二甲酸氢钾、混合磷酸盐(KH_2PO_4-Na_2HPO_4)及四硼酸钠 3 种物质的小包装产品,直接将袋内试剂全部溶解稀释至一定体积(250 mL)即可。

方法二:也可自行配制。(1)pH=4.00 溶液:用邻苯二甲酸氢钾(GR)10.12 g,溶解于 1 000 mL 的高纯去离子水中。(2)pH=6.86 溶液:用磷酸二氢钾(GR)3.388 g,磷酸氢二钠(GR)3.533 g,溶解于 1 000 mL 的高纯去离子水中。(3)pH=9.18 溶液:用硼砂(GR)3.80 g 溶解于 1 000 mL 的高纯去离子水中。配制(2)、(3)溶液所用的水应预先煮沸 15～30 min,以除去溶解的二氧化碳。在冷却过程中应避免与空气接触,以防止二氧化碳的污染。待用。

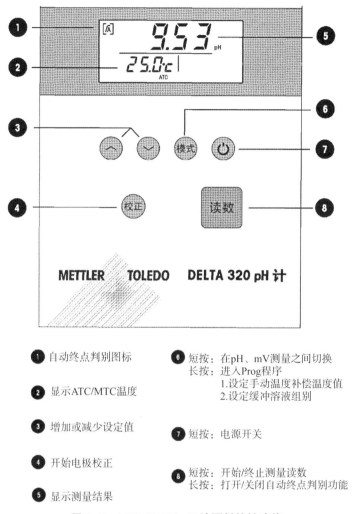

① 自动终点判别图标

② 显示ATC/MTC温度

③ 增加或减少设定值

④ 开始电极校正

⑤ 显示测量结果

⑥ 短按：在pH、mV测量之间切换
　　长按：进入Prog程序
　　　　　1.设定手动温度补偿温度值
　　　　　2.设定缓冲溶液组别

⑦ 短按：电源开关

⑧ 短按：开始/终止测量读数
　　长按：打开/关闭自动终点判别功能

图 2-40　DELTA 320 pH 计面板按键功能

(二)DELTA 320 pH 计的校正

1. 测定前的准备：拧下电极保湿帽，接上导线。用纯化水清洗电极头部分，用滤纸吸干电极外壁上的水。

2. 仪器预热：测定前打开电源预热 20 min 左右。

3. 仪器校正：仪器在使用前应用标准缓冲溶液进行一点、二点或三点校正，本次测定采用二点校正。

(1)一点校正：将电极放入标准缓冲溶液中，并按校准键开始校正，校正和测量图标将同时显示。在信号稳定后仪表根据预选终点方式自动终点(显示屏显现$\sqrt{A}$)或按读数键手动终点(显示屏显现$\sqrt{}$)。

按读数键后，仪表显示零点和斜率，然后自动退回到测量画面。

注意：当进行一点校正时，只有零点被调节。如果电极之前进行过多点校正，它的斜

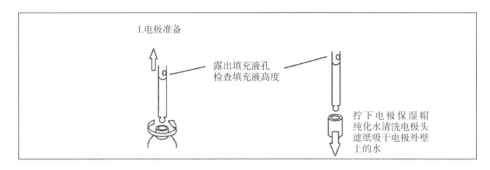

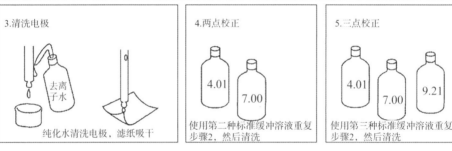

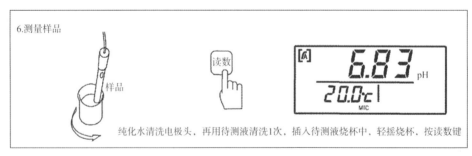

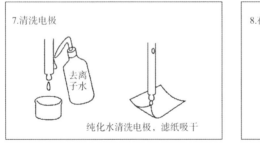

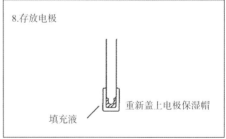

图 2-41　pH 测量操作指南

率会被保存,否则理论斜率(-59.16 mV/pH)被采纳。长按校正键,仪表将显示斜率和零点值,然后仪表退回到测量画面。

(2)二点校正:第1步,执行一点校准后。仪表自动终点或手动终点后,不要按读数键,否则将退回测量状态。

第2步,用去离子水冲洗电极。

第3步,将电极放入下一个校准缓冲溶液中,并按校正键开始下一点校正。

在信号稳定后仪表根据预选终点方式自动终点或按读数键手动终点。按读数键后,仪表显示零点和斜率,同时保存校正数据,然后自动退回到测量画面。

(3)三点校正:二点校正后,重复二点校正步骤,执行三点校正。

注意:温度探头或带内置温度探头的电极推荐使用自动温度补偿(ATC 模式),这样就无须将标准缓冲溶液与样品调节至同一温度。校准时,电极自带的温度探头可自动测量标准缓冲溶液的温度,标准缓冲溶液的 pH 自动设定为该温度下的 pH(参见说明书上标准表)。测定样品时,自动测量样品实际温度并对电极斜率进行补偿,测定结果(仪器示值)为样品实际温度下的 pH。

如果使用手动温度补偿(MTC 模式),则应将所有缓冲溶液和样品溶液保持在相同的设定温度上,用温度计测量并记录温度。校准时,将 pH 计的温度补偿旋钮或按键设定至样品实际温度,标准缓冲溶液的 pH 设定为样品实际温度下的 pH(参见说明书标准表)。样品测定结果(仪器示值)为样品实际温度下的 pH。

为了确保精确的 pH 读数,应定期执行校正。

(三)生理盐水 pH 的测定

把电极从标准缓冲溶液中取出,用纯化水清洗后,再用生理盐水清洗 1 次,然后插入生理盐水中,轻摇烧杯,电极反应平衡后,读取生理盐水的 pH。平行测定 3 次。

(四)结束工作

测量完毕,取出电极,清洗干净,将电极浸泡在保湿液中,旋紧保湿帽,切断电源。

五、注意事项

1. 玻璃电极不能在含氟较高的溶液中使用。
2. 用滤纸吸玻璃电极膜上的水时,动作一定要轻,否则会损害玻璃膜。
3. 待测溶液与标准缓冲溶液的 pH 应该接近。

六、数据记录与处理

数据记录与处理见表 2-23。

表 2-23 pH 计测定生理盐水 pH 数据记录与处理

温度：_____

测定次数	1	2	3
生理盐水的 pH			
$\overline{pH}$			

七、问题与讨论

1. 为什么要用二次测定法测定生理盐水的 pH？
2. 标准缓冲溶液的 pH 与生理盐水的 pH 相差多大为好？

项目十　高锰酸钾吸收曲线的绘制

一、实训任务

1. 学会紫外-可见分光光度计的使用方法。
2. 学会吸收光谱曲线的绘制方法。
3. 能够根据吸收光谱曲线找到最大吸收波长。

二、实训原理

$KMnO_4$ 水溶液中的 MnO_4^- 显紫红色，当 1 mL $KMnO_4$ 溶液中含有 1 μg MnO_4^- 时，溶液就呈现紫红色，因此 $KMnO_4$ 溶液可以直接通过比色法测定其含量。

三、仪器与试剂

仪器：T6 型紫外-可见分光光度计、25 mL 容量瓶、10 mL 移液管、洗耳球、滤纸、坐标纸、比色皿。

试剂：$KMnO_4$ 标准溶液、纯化水。

四、实训步骤

(一)0.05 mg/mL $KMnO_4$ 溶液的配制

用 10 mL 移液管移取 10.00 mL $KMnO_4$ 溶液(浓度为 0.125 mg/mL)于 25 mL 容量瓶中,用纯化水稀释至标线,摇匀,即得浓度为 0.05 mg/mL $KMnO_4$ 溶液(图 2-42)。

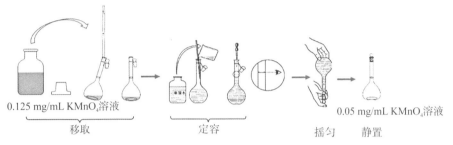

0.125 mg/mL $KMnO_4$溶液   0.05 mg/mL $KMnO_4$溶液

移取   定容   摇匀 静置

图 2-42 0.05 mg/mL $KMnO_4$ 溶液的配制

将稀释后的样品溶液倒入比色皿中,放入样品室(按纯水-样品的顺序置于样品室)。

注意:(1)移液管清洗干净后,准确移取 $KMnO_4$ 溶液前,应用待取的 $KMnO_4$ 溶液润洗 2～3 次,以置换清洗时残留的水分。

(2)比色皿透光部分表面不能有指印、溶液的痕迹,被测溶液中不能有气泡、悬浮物,否则将影响样品测试的精度。

(二)吸光度 A 的测量

T6 型紫外-可见分光光度计按键区与按键功能如图 2-43 所示。

SET :进入参数设置界面; GOTO λ :波长设定; ZERO :空白校正; PRINT :打印;

START/STOP :测量/暂停; RETURN :返回上级; ENTER :进入下级或参数确认/切换。

图 2-43 T6 型紫外-可见分光光度计按键区与按键功能

1. 开机初始化

依次打开打印机、仪器主机电源,仪器开始初始化,约 3 min 初始化完成(图 2-44)。

初始化	▮▮▮▮▯▯	43%
1. 样品池电机		OK
2. 滤光片		OK
3. 光源电机		OK

图 2-44　开机界面

初始化完成后,仪器进入主菜单界面(图 2-45),选择光度测量。

● 光度测量	
○ 功能扩展	
○ 系统应用	10：15 04／20

图 2-45　主菜单界面

2. 进入光度测量状态

按 $\boxed{ENTER}$ 键,进入光度测量界面(图 2-46)。设定测光方式为 Abs(吸光度)

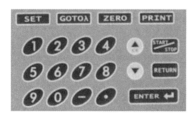

光度测量:

　　0.000　Abs

　　250 nm

图 2-46　光度测量界面

3. 进入测定界面

按 $\boxed{START/STOP}$ 键进入样品测定界面(图 2-47)。

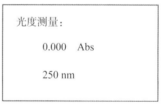

250.0 nm	−0.002 Abs
No. 　Abs	Conc

图 2-47　样品测定界面

4. 设置测量波长

按 $\boxed{GOTO\ \lambda}$ 键,在图 2-48 所示界面输入测量的波长。例如需要在 460 nm 测量,输入"460",按 $\boxed{ENTER}$ 键确认。

图 2-48　波长设定界面

仪器将自动调整波长,波长调整完成界面如图 2-49 所示。

图 2-49　波长调整完成界面

5. 参数设置

在这个步骤中主要设置样品池。按 SET 键进入参数设定界面(图 2-50),按 SET 键使光标移动到"试样设定",按 ENTER 键确认,进入设定界面。

图 2-50　参数设定界面

6. 设定使用样品池个数

按 ▼ 键使光标移动到"样池数",如图 2-51 所示。按 ENTER 键循环选择需要使用的样品池个数。根据使用比色皿数量确定,如使用 2 个比色皿,则修改为 2。

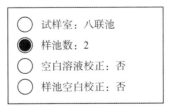

图 2-51　样品池设定界面

如每次使用的比色皿是固定个数,下次测量时可跳过第 5、第 6 步直接进入样品测量。

7. 样品测量

按 RETURN 键返回到参数设定界面,再按 RETURN 键返回到光度测量界面。

在 1 号样品池内放入空白溶液,2 号样品池内放入待测样品。关闭好样品池盖后按 ZERO 键进行空白校正,再按 START/STOP 键进行样品测量。测量结果如图 2-52 所示。

460.0 nm		−0.002 Abs
No.	Abs	Conc
1-1	0.012	1.000
2-1	0.052	2.000

图 2-52 光度测量结果界面

（1）如需同波长下测量下一个样品,取出比色皿,更换为下一个测量的样品,按 START/STOP 键即可读数。

（2）如需更换波长测同一样品,直接按 GOTO λ 键,调整波长。更换波长后必须重新按 ZERO 键进行空白校正。再按 START/STOP 键进行样品测量。

8. 结束测量

测量完成后按 PRINT 键打印数据（如果没有打印机需记录数据）。退出程序或关闭仪器后测量数据将消失。确保已从样品池中取出所有比色皿,清洗干净以便下一次使用。

按 RETURN 键直到返回到仪器主菜单界面后再关闭仪器电源。

五、注意事项

1. 在保证参比溶液的透光率能顺利地调到"100"的前提下,仪器的灵敏度挡尽可能选用较低挡。

2. 用于盛放空白溶液和待测溶液的吸收池应相互匹配,即测定条件不变,盛放同一溶液测定透光率,其相对误差应小于 0.5%。未匹配的吸收池不得随意搭配使用。

3. 吸收池有两个透光面,其内壁与外壁应洁净,避免摩擦,避免留下指纹、痕迹、油渍等。不能用手捏吸收池的透光面。吸收池盛放溶液前,应用待测溶液洗 3 次。

4. 试液应装至吸收池高度的 4/5 处,装液时要尽量避免溢出。如果池壁上有液滴,应用纸或绢布吸干。

5. 根据所用的入射光波长,选择钨灯或氚灯、玻璃吸收池或石英吸收池。

6. 仪器室内的照明不宜太强,并避免电扇或空调直接吹向仪器,以免灯丝发光不稳。

7. 及时记录测定时所用光的波长和对应的吸光度,在坐标纸上用平滑的曲线绘制高锰酸钾溶液的吸收曲线。

8. 测试结束后,应从样品池中取出吸收池,倒出待测液,用纯净水将吸收池清洗干净,然后将其倒置在干净的吸水纸上。待吸干水分,检查内、外壁洁净干燥后,将吸收池置于收纳盒凹槽中密闭收藏,以免沾染尘埃。

六、数据记录与吸收曲线绘制

(一)数据记录

数据记录见表 2-24。

表 2-24 吸光度记录

序号	1	2	3	4	5	6	7	8
λ/nm	460	480	500	520	525	530	535	540
A								
序号	9	10	11	12	13	14	15	16
λ/nm	545	550	560	580	600	620	640	680
A								

(二)绘制吸收曲线

1. 在吸收曲线坐标图(图 2-53)上以波长 λ 为横坐标,以吸光度 A 为纵坐标,标出所有的点,用平滑的曲线连接各点,即为吸收曲线。

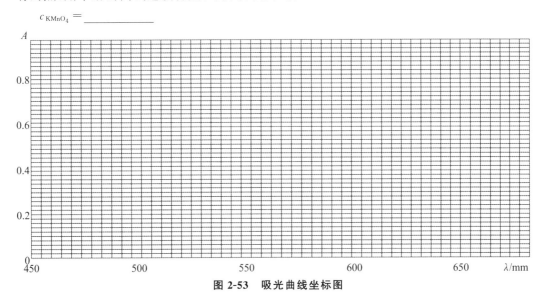

图 2-53 吸光曲线坐标图

2. 在吸收曲线中,找到吸收峰最高处对应的波长,即 $KMnO_4$ 溶液最大吸收波长 λ_{max}。

七、问题与讨论

以不同浓度的 $KMnO_4$ 溶液绘制吸收光谱曲线,测得的最大吸收波长是否相同? 为什么?

项目十一　高锰酸钾标准曲线的绘制(工作曲线法与系数法测定)

一、实训任务

1. 掌握 T6 型紫外-可见分光光度计的使用方法。
2. 熟悉标准曲线的绘制方法。

二、实训原理

朗伯比尔定律: $A = \varepsilon cL$ 。

三、仪器与试剂

仪器:T6 型紫外-可见分光光度计、25 mL 容量瓶、移液管、洗耳球、滤纸、坐标纸。
试剂:$KMnO_4$ 标准溶液、纯化水。

四、实训步骤

(一)标准溶液配制与工作曲线法测定标样溶液

1. 标准溶液的配制
分别精密移取体积为 2.00 mL、4.00 mL、6.00 mL、8.00 mL 及 10.00 mL 的 0.125 g/L $KMnO_4$ 标准溶液到 5 个 25 mL 的容量瓶,用蒸馏水稀释至刻度,摇匀。稀释后的标准溶液浓度按容量瓶的序号分别为 10.0 μg/mL、20.0 μg/mL、30.0 μg/mL、40.0 μg/mL、50.0 μg/mL。
2. 工作曲线法测定以上稀释后标准溶液(拟合回归方程)
(1)选择"工作曲线法"
开机初始化完成后,仪器进入主菜单界面(图 2-54),选"功能扩展",按 $\boxed{\text{ENTER}}$ 键确定。选择"工作曲线法"（图 2-55），按 ENTER 键确定。

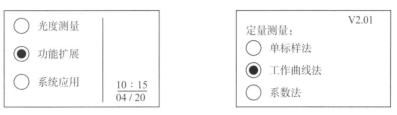

图 2-54　主菜单界面　　　　　图 2-55　定量测量选择界面

（2）放入参比池、空白校正

按 GOTO λ 键，输入最大吸收波长 λ 值"525"nm，按 ENTER 键确认，将一装有蒸馏水的比色皿（参比池）放入 1 号比色槽（图 2-56，以靠近操作人员位置向前依次编号 1、2、3……）后，按 ZERO 键空白校正。

图 2-56　样品室结构

（3）参数设置：按 SET 进入参数设置

①选择"浓度单位"，按 ENTER 键进入，选择所需要的单位（μg/mL）（按数字键选择），再按 ENTER 键确认。

②选择"标样数"，按 ENTER 键进入，输入标样数量 5，按 ENTER 键确认。

③选择"标样浓度"，按 ENTER 键进入，把装有蒸馏水的比色皿拿出来（勿倒出蒸馏水，后面测定还会用到），取另一个空比色皿装第一个标样，放入 1 号比色槽，输入第一个标样浓度，按 ENTER 键确定，等数据稳定后，取出比色皿，倒掉第一个标样溶液，比色皿用第二个标样润洗后，装第二个标样溶液放入比色槽，再输入第二个标样浓度，按 ENTER 键确定，等数据稳定后，重复操作第三个标样直至测完第五个标样为止。

（4）工作曲线绘制，拟合回归方程

选择"工作曲线"，按 ENTER 键进入，出现标准曲线图，手机拍下标准曲线图。将相关系数 r（r 越接近 1 越好，一般为 0.9～1）和回归方程式（类似 $C=B+KA$）记录下来。

（5）返回初始界面

一直按 RETURN 键直到返回到初始界面为止。

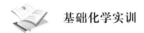

基础化学实训

(二)样品稀释与系数法测定样品稀释液

1. 样品溶液稀释

精密移取 10.00 mL KMnO₄ 标准溶液到 25 mL 容量瓶,用蒸馏水稀释至刻度,摇匀。

2. 系数法测定样品稀释液

(1)选择"系数法"

主菜单界面下,选"功能扩展",按 $\boxed{\text{ENTER}}$ 键进入,选择"系数法"。按 $\boxed{\text{ENTER}}$ 键进入,选择公式 2:$C = K * A + B$,按 $\boxed{\text{ENTER}}$ 键确定。

(2)放入参比池、空白校正

将装有蒸馏水的比色皿(参比池)放入 1 号比色槽,按 $\boxed{\text{GOTO } \lambda}$ 键,输入具体波长 λ "525"nm,按 $\boxed{\text{ENTER}}$ 键确认,按 $\boxed{\text{ZERO}}$ 空白校正。

(3)参数设置:按 $\boxed{\text{SET}}$ 进入参数设置

①选择"测量系数 K",按 $\boxed{\text{ENTER}}$ 键进入,输入 K 值(即回归方程式的 K 值)后按 $\boxed{\text{ENTER}}$ 键确定。

②选择"测量系数 B",按 $\boxed{\text{ENTER}}$ 键进入,输入 B 值(即回归方程式的 B 值)后按 $\boxed{\text{ENTER}}$ 键确定。

③选择"浓度单位",按 $\boxed{\text{ENTER}}$ 键进入选择所需要的单位(按数字键选择),再按 $\boxed{\text{ENTER}}$ 键确认,按 1 次 $\boxed{\text{RETURN}}$ 键返回。

(4)测稀释样品的吸光度 A 值

勿拿出装有蒸馏水的比色皿,将装有样品的比色皿(试样池)放入第二个比色槽,按两次 $\boxed{\text{START/STOP}}$ 进行测量,读数稳定后记录显示屏显示数据:样品的吸光度 A 与浓度 c(图 2-57)。

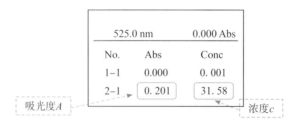

图 2-57　测量结果显示界面

3. 计算样品浓度 c_{KMnO_4}(样品)

$$c_{\text{KMnO}_4}(\text{样品}) = c \times 稀释倍数$$

五、注意事项

同"项目十　高锰酸钾吸收曲线的绘制"的注意事项。

六、数据记录与吸收曲线绘制

（一）标样溶液配制与工作曲线法测定标样溶液

1. 标准溶液稀释

按要求稀释标准溶液，计算稀释后溶液的浓度，将相关数据记入表 2-25。

表 2-25　标准溶液稀释数据记录

标准溶液浓度/(μg/mL)	125				
标准溶液体积/mL	2.00	4.00	6.00	8.00	10.00
定容体积/mL	25.00	25.00	25.00	25.00	25.00
稀释后标样溶液浓度/(μg/mL)					

2. "工作曲线法"测定稀释后标样溶液，绘制"标准曲线"，拟合回归方程

$\lambda_{max}=$ ＿＿＿＿＿＿＿，吸收池厚度＝＿＿＿＿＿＿＿，相关系数 $r=$ ＿＿＿＿＿，

回归方程：＿＿＿＿＿，回归系数 $K=$ ＿＿＿＿＿＿＿，回归系数 $B=$ ＿＿＿＿。

（1）将手机拍下的标准曲线图复制粘贴于 Word 文档（纸张大小设为 A4）。

（2）在 Word 文档中对图片进行裁剪修边，调整图片大小约 1/4 页面。

（3）打印文档，裁去空白，留下图片区域。

（4）将裁好的图片背面沿上沿涂约 1 cm 宽胶水（或粘贴双面胶带），粘贴于方框中，要求图片居中，图片上沿与方框上边线平齐。

（二）样品稀释与测定

1. 样品稀释

稀释倍数：$n=$ ＿＿＿＿＿＿＿。

2. 系数法测定样品稀释液吸光度

$A=$ ＿＿＿＿＿＿＿，$c_{KMnO_4}=$ ＿＿＿＿＿＿＿。

3. 样品浓度 c_{KMnO_4}（样品）

c_{KMnO_4}（样品）$=c_{KMnO_4}\times n=$ ＿＿＿＿＿＿＿。

项目十二　吸光系数法测定维生素 B₁₂ 注射液含量

一、实训任务

1. 掌握维生素 B₁₂ 注射液定性鉴别的原理和方法
2. 掌握用吸光系数法定量测定维生素 B₁₂ 注射液含量的方法。
3. 掌握 T6 型紫外-可见分光光度计的使用方法。

二、实训原理

维生素 B₁₂ 注射液的标示含量有每毫升含维生素 B₁₂ 50 μg、100 μg 或 500 μg 等规格,临床上常用于治疗贫血症。

维生素 B₁₂ 的吸收光谱上有 3 个吸收峰,其对应的最大吸收波长分别为 278 nm、361 nm 和 550 nm(图 2-58)。《中国药典》(2015 年版)二部规定,作为鉴别维生素 B₁₂ 的依据,361 nm 波长与 278 nm 波长吸光度(或比吸光系数)的比值应为 1.70~1.88,361 nm 波长与 550 nm 波长吸光度(或比吸光系数)的比值应为 3.15~3.45。

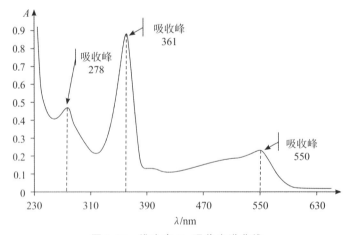

图 2-58　维生素 B₁₂ 吸收光谱曲线

维生素 B₁₂ 在 361 nm 波长处的吸收峰干扰因素少、吸收最强,其比吸光系数 $E_{1\,cm}^{1\%}$ 值(207)可以作为测定注射液实际含量的依据。维生素 B₁₂ 注射液标示量为 90.0%~110.0%。根据光吸收定律和比吸光系数的 $E_{1\,cm}^{1\%}$ 定义,以及维生素 B₁₂ 在 361 nm 波长处比吸光系数的数值,用 1 cm 吸收池测定时,可推导出如下计算公式:

$$\rho_{B_{12}} = A_{样} \times \frac{1}{207}(g/mL) = A_{样} \times 48.31(\mu g/mL)$$

三、仪器与试剂

仪器:T6 型紫外-可见分光光度计、石英吸收池、容量瓶、移液管、洗耳球、滤纸。
试剂:维生素 B_{12} 注射液、纯化水。

四、实训步骤

1. 维生素 B_{12} 的定性鉴别
精密吸取一定量的维生素 B_{12} 注射液,按照标示含量,用纯化水准确稀释 n 倍,使稀释后试样溶液的浓度为 20 μg/mL。
将稀释后的试样溶液和参比溶液(以纯化水代替)分别盛于 1 cm 吸收池中,按照操作规程,分别在 278 nm、361 nm 和 550 nm 波长处测定其吸光度 A_{278}、A_{361} 和 A_{550}。
2. 计算维生素 B_{12} 的含量
将 361 nm 波长处的吸光度 A_{361} 代入公式,计算维生素 B_{12} 稀释溶液的浓度。

$$\rho_{B_{12}} = A_{361} \times 48.31 (\mu g/mL)$$

则维生素 B_{12} 注射液的浓度为

$$\rho_{注} = \rho_{B_{12}} \times n (\mu g/mL)$$

式中:n——维生素 B_{12} 注射液的稀释倍数。
维生素 B_{12} 注射液的浓度除以供试样品标示的含量就是其标示量。

五、注意事项

1. 维生素 B_{12} 注射液有不同的规格,稀释倍数应根据实际含量确定。
2. 测定药物制剂的含量后,计算得到的标示量应符合药典要求。

六、数据记录与处理

数据记录与处理见表 2-26。

表 2-26　吸光系数法测定维生素 B_{12} 注射液含量数据记录与处理

溶剂:_____　吸收池厚度:_____

	λ/nm	278	361	550
	A			
定性分析	比吸光系数	计算值	《中国药典》(2015 年版)二部规定值	
定性分析	$\dfrac{A_{361}}{A_{278}}$		1.70～1.88	
定性分析	$\dfrac{A_{361}}{A_{550}}$		3.15～3.45	
定性分析	结论:比吸光系数 _____(填"符合"或"不符合")规定值,_____(填"是"或"否")维生素 B_{12}			

续表

定量分析	维生素 B_{12} 稀释溶液浓度 $\rho_{B_{12}}$	
	稀释倍数 n	
	维生素 B_{12} 注射液浓度 ρ（真实含量）	
	维生素 B_{12} 注射液标示含量[a] $\rho_{标示含量}$	
	维生素 B_{12} 注射液标示量百分含量[b]	
结论:含量_____（填"符合"或"不符合"）规定值		

a 标示含量:某剂型药品单位剂量制剂中规定的主药含量,通常标示在该剂型药品的标签上。b 标示量百分含量 $=\dfrac{真实含量}{标示含量}\times100\%$。如 1 mL 试剂中应含有主药 1 mg,但是总有误差,一般规定标示量百分含量在 $90.0\%\sim110.0\%$,主药实际量在 $0.9\sim1.1$ mg/mL,符合规定。

七、问题与讨论

1. 测定吸光度时为什么采用石英吸收池？用玻璃吸收池有何影响？
2. 用吸光系数法进行定量分析的优缺点是什么？

项目十三 纸色谱法分离与鉴定氨基酸

一、实训任务

1. 掌握纸色谱的操作方法。
2. 了解纸色谱的基本原理。

二、实训原理

纸色谱主要是以滤纸为载体的分配色谱。纸色谱中固定相为滤纸纤维上吸附的水分（约占 22%），流动相（亦称展开剂）一般是被水饱和的有机溶剂。纸色谱常用于亲水性较强的成分（如氨基酸和酚类等）的分离鉴定。

将欲分离的氨基酸混合物点样在一定尺寸的滤纸的一端,然后让展开剂从点样的一端通过滤纸的毛细作用向前移动,当展开剂移动至点有氨基酸样品的区域时,样品中各组分在两相中不断进行分配。由于它们的分配系数不同,在流动相中具有较大溶解度的组分移动速度较快,而在水中溶解度较大的组分移动速度较慢,从而达到分离的目的。相同的情况下,用已知氨基酸作对照,则停留在滤纸条上同一位置的氨基酸为同一种氨基酸,即可进行鉴定。

氨基酸是无色化合物,层析后需在纸上喷洒茚三酮溶液显色,即在滤纸上有氨基酸的位置出现色斑。根据色斑位置还可确定各成分的比移值(R_f)。在一定条件下,比移值(R_f)对于每种化合物都是一个特定的值,可作为各组分的定性指标。

三、仪器与试剂

仪器:色谱缸、滤纸、毛细管、喷雾器、铅笔、直尺。

试剂:0.2%丙氨酸溶液、0.2%亮氨酸溶液、0.5%茚三酮无水乙醇溶液、正丁醇-冰醋酸-水(4:1.5:1)。

四、实训步骤

(一)点样

取一条 15 cm×5 cm 的滤纸,用铅笔在离一窄边 2 cm 处画一横线,作为点样位置。取 3 支毛细管,一支蘸取 0.2%丙氨酸溶液,一支蘸取 0.2%亮氨酸溶液,一支蘸取两者的等量混合液,依次在点样线上点样,彼此间隔 1~1.5 cm,样品点直径控制在 3 mm 左右,然后将其晾干或在红外灯下烘干(注意:切勿用手接触滤纸点样端及中部)。

(二)展开

向色谱缸(内径 8~10 cm,高 25 cm 左右)中加入 10~15 mL 展开剂。将滤纸放在色谱缸中,原点(点样点)以下的部分浸在展开剂中(图 2-59)进行展开。待展开剂沿滤纸条上升超过 10 cm(约 45 min),展开完毕,立即取出滤纸,用铅笔标出展开剂到达的前沿线。

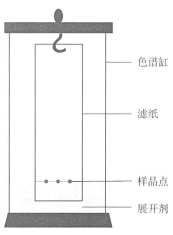

色谱缸

滤纸

样品点

展开剂

图 2-59 纸色谱装置

（三）显色

将展开完毕的滤纸在 150 ℃烘箱中烘 10 min 左右（或用电吹风吹），使展开剂挥发。取出后，喷上 0.5%茚三酮无水乙醇溶液，然后烘干，即出现氨基酸与茚三酮反应呈现的色斑，如图 2-60 所示。

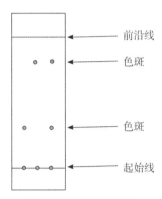

图 2-60　纸色谱示意

（四）计算比移值（R_f）

测量各色斑中心点至起始线距离，以及溶剂前沿线至起始线间距离，计算各物质的R_f。比较试样与对照品的R_f进行定性鉴别。

五、注意事项

1. 无论是准备工作中还是实训过程中，都不要用手触摸滤纸条中间部分。
2. 点样对实训成功与否非常重要。点样动作要轻，点一个样待干后再点另一个样。点样后需待斑点干燥后方可进行展开。

六、数据记录与处理

数据记录与处理见表 2-27。

表 2-27　纸色谱法分离与鉴定氨基酸数据记录与处理

展开剂：_____　　室温：_____

样品溶液		样品移动距离/cm	展开剂移动距离/cm	比移值R_f
丙氨酸溶液				
亮氨酸溶液				
混合样品	Ⅰ			
	Ⅱ			

结论：Ⅰ为_____，Ⅱ为_____。

七、问题与讨论

1. 在纸色谱时,色谱缸为什么要求尽量密闭?

2. 比较亮氨酸与丙氨酸的结构,试判断哪一种在展开剂与固定相(吸附水)之间的分配系数大,因而比移值(R_f)较大。

第三部分　延伸拓展

模块一　有机物合成制备

项目一　乙酸乙酯的制备

一、实训任务

1. 掌握分液漏斗的使用方法。
2. 熟悉蒸馏、洗涤、干燥等基本操作。
3. 掌握酯化反应的原理和酯的制备操作。

二、实训原理

在浓硫酸催化下,乙酸和乙醇反应生成乙酸乙酯:

$$\underset{\displaystyle CH_3\overset{\displaystyle O}{\overset{\|}{C}}-OH}{} + HOCH_2CH_3 \xrightleftharpoons[110\sim120\ ℃]{浓硫酸} CH_3\overset{\displaystyle O}{\overset{\|}{C}}-OCH_2CH_3 + H_2O$$

为了提高酯的产量,本实训采取加入过量乙醇及不断把反应中生成的酯和水蒸出的方法。在工业生产中,一般采用加入过量的乙酸,以便使乙醇转化完全,避免由于乙醇和水及乙酸乙酯形成二元或三元恒沸物给分离带来困难。

三、仪器与试剂

仪器：三口烧瓶、滴液漏斗、温度计、刺形分馏柱、冷凝管、锥形瓶、接液管、分液漏斗、电热套、大烧杯、蒸馏瓶、蒸馏头、接液管、铁架台、铁夹。

试剂：乙醇、冰醋酸、浓硫酸、饱和食盐水、4.5 mol/L 氯化钙溶液、2 mol/L 碳酸钠溶液、无水硫酸镁。

四、实训步骤

(一)加料、组装仪器

在一 150 mL 三口烧瓶中加入 10 mL 乙醇，边振荡边分次加入 10 mL 浓硫酸，混合均匀，加入 2～3 粒沸石。用铁夹将三口烧瓶固定在铁架台上，右侧瓶口插入温度计，温度计的水银球部分应距离烧瓶底约 1 cm。左侧瓶口装滴液漏斗，滴液漏斗的下端应插入液面以下约 1 cm(若漏斗末端不够长，可用橡皮管接上一段玻璃管)。在滴液漏斗中加入 20 mL 冰醋酸和 20 mL 乙醇。中间瓶口装刺形分馏柱，分馏柱的上端用软木塞封闭，其支管与冷凝管连接。冷凝管的下端依次连接接液管、锥形瓶(图 3-1)。

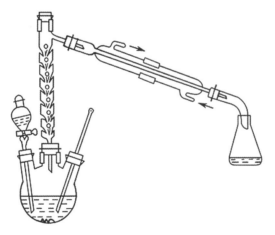

图 3-1　乙酸乙酯制备装置

(二)加热、酯化反应

缓慢加热，使体系升温至 110～120 ℃，此时冷凝管口应有液体蒸出。保持反应温度，并将滴液漏斗中的混合液慢慢滴入反应瓶中(约 70 min)，滴完后继续保温 10 min。

(三)洗涤、分离(图 3-2)

1. 将收集到的馏液置于梨形分液漏斗中，用 10 mL 饱和食盐水洗涤，分离下面水层。

2. 上层液体用 20 mL 2 mol/L 碳酸钠溶液洗涤,一直洗到上层液体 pH 为 7～8 为止。然后用 10 mL 饱和食盐水洗 1 次,用 10 mL 4.5 mol/L 氯化钙溶液洗 2 次。

3. 静置,分层。

4. 分液,弃去下面水层,上面酯层自分液漏斗上口倒入干燥的 50 mL 锥形瓶中,加适量无水硫酸镁干燥,加塞,放置,直至液体澄清,得到乙酸乙酯粗品。

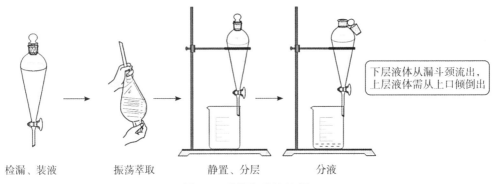

检漏、装液   振荡萃取   静置、分层   分液

下层液体从漏斗颈流出,
上层液体需从上口倾倒出

图 3-2 萃取与分液流程

(四)蒸馏精制

按图 3-3 组装蒸馏装置,将乙酸乙酯粗品通过漏斗过滤至 60 mL 蒸馏瓶中,加沸石,水浴加热蒸馏。用已知质量的 50 mL 锥形瓶(接收瓶)收集 73～78 ℃ 的馏液,称重、密塞,贴上标签。

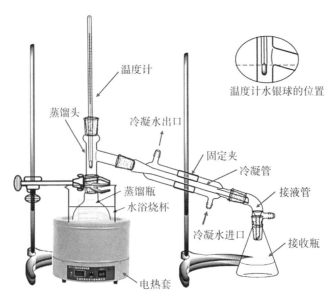

温度计

蒸馏头

冷凝水出口

温度计水银球的位置

固定夹

冷凝管

蒸馏瓶
水浴烧杯

接液管

冷凝水进口

接收瓶

电热套

图 3-3 蒸馏装置

（五）计算产率

按下式计算：

$$产率 = \frac{实际产量}{理论产量} \times 100\%$$

五、注意事项

1. 浓硫酸的用量不能过多，并且边振荡边慢慢加入，使其与乙醇混合均匀。
2. 反应温度应维持在 $110 \sim 120\ ℃$。
3. 控制馏出速度，使混合液滴入速度与馏出液馏出速度大致相等。
4. 杂质需充分除去。
5. 乙酸乙酯粗品的蒸馏提纯是否完全。

六、问题与讨论

1. 酯化反应有何特点？本实训采取了哪些措施来提高酯的产率？
2. 乙酸乙酯的粗品中有哪些杂质？怎样除去？

项目二　阿司匹林的制备

一、实训任务

1. 掌握阿司匹林的制备方法。
2. 学会抽滤的安装和操作。

二、实训原理

阿司匹林学名为乙酰水杨酸，是白色晶体，易溶于乙醇、氯仿和乙醚，微溶于水。

阿司匹林具有解热、镇痛和消炎作用，可用于伤风、感冒、头痛、发烧、神经痛、关节痛及风湿病等的治疗，也用于预防心脑血管疾病。常用的退热镇痛药 APC 中的"A"即表示阿司匹林。

制备阿司匹林的反应式如下：

$$\underset{\text{水杨酸}}{\ce{\chemfig{*6(-(-COOH)(-OH)=-=-=)}}} + \underset{\text{乙酸酐}}{\ce{(CH3CO)2O}} \xrightarrow[\triangle]{\text{浓硫酸}} \underset{\text{乙酰水杨酸}}{\ce{\chemfig{*6(-(-COOH)(-OCCH3)=-=-=)}}} + \underset{\text{乙酸}}{\ce{CH3COOH}}$$

水杨酸 乙酸酐 乙酰水杨酸 乙酸

阿司匹林是否变质的检验:与三氯化铁显紫红色,说明变质。

三、仪器与试剂

仪器:锥形瓶、量筒、温度计(100 ℃)、烧杯、接液管、抽滤瓶、布氏漏斗、真空泵、电热套。

试剂:水杨酸、乙酸酐、98%浓硫酸、35%乙醇水溶液等。

四、实训步骤

(一)酰化

在干燥的锥形瓶中加入 4.3 g 水杨酸和 6 mL 乙酸酐,再滴入 7 滴浓硫酸,混匀后置于水浴中加热(图 3-4),在充分振摇下缓慢升温至 75 ℃。保持此温度反应 15 min,这期间仍不断振摇。最后提高反应温度至 80 ℃,再反应 5 min,使反应进行完全。

图 3-4 乙酰水杨酸反应装置

(二)结晶抽滤

稍冷后,充分搅拌,将反应液倒入盛有 100 mL 水的烧杯中,然后用冰水冷却,待结晶完全析出后,进行抽滤(图 3-5)。用少量冷水洗涤滤饼 2 次,压紧抽干后转移到100 mL 烧杯中。

(三)重结晶

在盛有粗产品的烧杯中加入 10 mL 35%乙醇,置于 45~50 ℃水浴中加热,使其迅速溶解。若产品不能完全溶解,可补加适量 35%乙醇。然后静置至室温,用冰水冷却,待结晶完全析出后,进行抽滤。用少量冷水洗涤滤饼 2 次,压紧抽干。

图 3-5 抽滤装置

将结晶转移至表面皿中,置于盛有热水的烧杯上(图 3-6),烘干后称量,计算产率。

热水

图 3-6 干燥装置

五、问题与讨论

1. 制备阿司匹林时,浓硫酸的作用是什么?
2. 本实训哪些步骤要求使用的仪器必须干燥?为什么?
3. 用什么方法可简便地检验产品中是否残留未反应完全的水杨酸?

项目三 肥皂的制备

一、实训任务

1. 掌握皂化的制备条件与操作步骤。
2. 通过油脂乳化、皂化反应,加深对油脂性质的理解。

二、实训原理

油脂难溶于水,在水中形成不稳定的乳浊液,加入乳化剂后得到较稳定的乳浊液。原因是乳化剂有降低表面张力的作用。油脂在碱性溶液中水解生成甘油和高级脂肪酸盐，高级脂肪酸盐就是肥皂。

$$
\begin{array}{c}
CH_2-O-\overset{\displaystyle O}{\overset{\|}{C}}-R \\
| \\
CH-O-\overset{\displaystyle O}{\overset{\|}{C}}-R' \quad +3NaOH \xrightarrow{\triangle} \\
| \\
CH_2-O-\overset{\displaystyle O}{\overset{\|}{C}}-R''
\end{array}
\qquad
\begin{array}{c}
CH_2-OH \\
| \\
CH-OH \quad + \quad RCOONa + R'COONa + R''COONa \\
| \\
CH_2-OH
\end{array}
$$

油脂　　　　　　　　　　　甘油　　　　　　　　肥皂

为改善肥皂外观与拓宽用途，通常加入色素、香料、抑菌剂等制成香皂、药皂或透明皂。

三、仪器与试剂

仪器：烧杯、试管、试管夹、玻璃棒、水浴锅、干净纱布。

试剂：植物油、NaOH 固体、75％乙醇、乳化剂（肥皂水或洗涤剂）、饱和 NaCl 溶液、纯化水。

四、实训步骤

（一）油脂的乳化

在 1 支试管中加入 2 mL 纯化水和 3 滴植物油，充分振荡后观察现象；静置数分钟后再观察现象并解释原因。向该试管中加入乳化剂 20 滴，充分振荡后静置，观察现象并解释。

（二）油脂的皂化（肥皂的制备）

在一个 250 mL 烧杯中加入 5 mL 植物油，加入 10 mL 75％乙醇和 3 g NaOH 固体，将烧杯放在水浴锅里加热并不断搅拌（注意：不要使液体溢出），若试样完全溶解，没有油滴，表示皂化完成，停止加热。

将烧杯中的黏稠液倒入 50 mL 饱和 NaCl 溶液中，搅拌，浮在溶液表面上的物质就是肥皂，冷却后用滤布过滤，将滤渣放在干净纱布上压干即得肥皂。

五、问题与讨论

1. 在皂化反应中加 75％乙醇的作用是什么？
2. 皂化反应后为什么要加氯化钠溶液？

模块二　天然有机物的提取

项目一　海带中甘露醇的提取

一、实训任务

1. 掌握从植物中提取有效成分的方法。
2. 熟悉从海带中提取甘露醇的基本操作。
3. 了解甘露醇的鉴定方法。

二、实训原理

　　甘露醇(又名己六醇)为无色至白色针状或斜方柱状晶体或结晶性粉末。无臭,具有清凉甜味,不潮解,易溶于水,略溶于乙醇,溶于热乙醇,微溶于低级醇和低级胺类,微溶于吡啶,几乎不溶于大多数其他常用有机溶剂。在无菌溶液中较稳定,不易被空气氧化,熔点 166 ℃。

　　甘露醇在海带(图 3-7)中的含量较高,海带洗涤液中甘露醇的含量为 15 g/L,因此海带是提取甘露醇的重要原料。

图 3-7　海带

三、仪器与试剂

仪器:精密 pH 试纸、恒温水浴锅、离心机、布氏漏斗、抽滤瓶、真空泵、回流装置、烘箱、天平、剪刀。

试剂:95％乙醇、硫酸(1∶1)、30％氢氧化钠溶液、1 mol/L 氢氧化钠溶液、三氯化铁溶液、海带、活性炭、蒸馏水。

四、实训步骤

（一）甘露醇的提取

1. 浸泡提取

（1）将海带洗干净,剪碎,称取 25 g 左右剪碎后的海带,加入 500 mL 蒸馏水,室温下浸泡 2～3 h。

（2）取浸泡液,加入 30％ NaOH 溶液,调 pH 为 11～12,静置 1 h,凝聚沉淀多糖类黏性物质,过滤除去胶状物。

（3）滤液用 1∶1 硫酸中和至 pH＝6～7,进一步除去胶状物,得中性提取液。

2. 浓缩沉淀

沸腾浓缩中性提取液,除去胶状物,将清液浓缩至原体积的 1/4 后,冷却至 60～70 ℃,趁热加入 2 倍量 95％乙醇,搅拌均匀,冷却至室温,离心收集灰白色松散沉淀物。

3. 精制提纯

将沉淀物悬浮液溶于 8 倍量 95％乙醇中,加热回流提取 0.5 h,出料,冷却过滤,2500 r/min离心得粗品甘露醇,含量为 70％～80％。重复操作 1 次,经乙醇重结晶后,含量大于 90％,氯化物含量小于 5 g/kg。

取此样品重溶于 2 倍量蒸馏水中,加入 1/10～1/8 活性炭,80 ℃保温 0.5 h,过滤至滤液澄清,溶液冷却至室温,结晶,抽滤,洗涤即可得到结晶甘露醇。

4. 干燥称重

将结晶甘露醇置于 105～110 ℃烘箱内烘干,称重,计算回收率。

（二）甘露醇的鉴定

取制得的甘露醇成品饱和溶液 1 mL，加入 1 mol/L $FeCl_3$ 溶液与 1 mol/L NaOH 溶液 0.5 mL，生成棕黄色沉淀，振摇不消失，滴加过量的 1 mol/L NaOH 溶液，即溶解变成棕色溶液，根据此现象，可初步断定为甘露醇。

五、注意事项

1. 应选取新鲜的海带，切成细小碎块。
2. 海带不要用大量水长时间浸泡，以避免甘露醇溶出影响产率。
3. 加入活性炭脱色，再滤除活性炭。

六、问题与讨论

1. 从海带中还能提取哪些活性成分？
2. 甘露醇在医药上有哪些用途？

项目二　蛋黄中卵磷脂的提取及卵磷脂的组成鉴定

一、实训任务

1. 掌握从鲜鸡蛋中提取卵磷脂的方法与原理。
2. 熟悉卵磷脂鉴定的方法与原理。
3. 了解磷脂类物质的结构和性质。

二、实训原理

卵磷脂是生物体组织细胞的重要成分，主要存在于大豆等植物组织，以及动物的肝、脑、脾、心、卵等组织中，尤其在蛋黄中含量较多（图 3-8～图 3-11），其在蛋黄中的含量约为 10%。卵磷脂和脑磷脂均溶于乙醚而不溶于丙酮，利用此性质可将其与中性脂肪分离；卵磷脂能溶于乙醇而脑磷脂不溶，利用此性质又可将卵磷脂和脑磷脂分离。

卵磷脂为白色，与空气接触后，其所含不饱和脂肪酸会被氧化而使卵磷脂呈黄褐色。卵磷脂被碱水解后可分解为脂肪酸盐、甘油、胆碱和磷酸盐。胆碱在碱的进一步作用下生成无色且具有氨味和鱼腥气味的三甲胺。

图 3-8　鸡蛋　　　　图 3-9　黄豆　　　　图 3-10　卵磷脂　　　图 3-11　卵磷脂胶囊

甘油与新制的氢氧化铜反应生成深蓝色的甘油铜;磷酸盐在酸性条件下与钼酸铵作用,生成黄色的磷钼酸沉淀;克劳特试剂为含有 $KI-BiI_3$ 复盐的有色溶液,与胆碱生成砖红色沉淀。通过对分解产物的检验可以对卵磷脂进行鉴定。

三、仪器与试剂

仪器:蛋清分离器、恒温水浴锅、蒸发皿、普通漏斗、铁架台、磁力搅拌器、天平、25 mL 量筒、100 mL 量筒、干燥试管(每组 4 支),玻璃棒 2 支,大小烧杯各 2 个。

试剂:鲜鸡蛋、95％乙醇、乙醚、氯仿、丙酮、无水乙醇、滤纸、10％氢氧化钠、红色石蕊试纸、蓝色石蕊试纸、10％醋酸铅溶液、硫酸铜溶液、钼酸铵试剂(将 6 g 钼酸铵溶于 15 mL 蒸馏水中,加入 5 mL 浓氨水,另外将 24 mL 浓硝酸溶于 46 mL 蒸馏水中,两者混合,静置 1 d 后再用)、克劳特试剂(碘化铋钾溶液)。

四、实训步骤

（一）卵磷脂的提取

1. 将鲜鸡蛋打入分蛋器,用牙签戳散蛋清,分离出蛋黄(图 3-12)。

图 3-12　分离蛋黄

2. 称取 10 g 蛋黄于小烧杯中,加入温热的 95％乙醇 30 mL,边加边搅拌均匀(图 3-13)。

3. 冷却后过滤(过滤前,先用乙醇或三氯甲烷浸湿滤纸,不能用水浸湿滤纸)。如滤液仍然浑浊,可再次过滤至滤液透明(图 3-14)。

图 3-13　搅拌蛋黄　　　　　图 3-14　过滤蛋黄

将滤液置于蒸发皿内,于水浴锅中蒸去乙醇至干(或用电热套蒸干,温度可设为 140 ℃左右),得黄色油状物即为卵磷脂粗品(图 3-15)。

图 3-15　蒸发蛋黄

(二)卵磷脂的纯化

冷却后,加入 5 mL 氯仿,搅拌使油状卵磷脂粗品完全溶解。边搅拌边慢慢加入 15 mL丙酮,即有卵磷脂析出,搅动使其充分析出(图 3-16)。

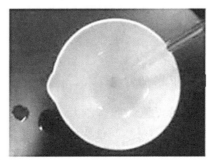

图 3-16　析出卵磷脂

过滤,得到白色蜡状卵磷脂精品(图 3-17)。

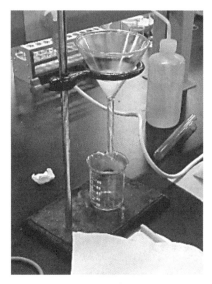

图 3-17 过滤卵磷脂

于 40 ℃下真空干燥,称重。

(三)卵磷脂的溶解性试验

取干燥试管,加入少许卵磷脂,再加入 5 mL 乙醚(图 3-18),用玻璃棒搅动使卵磷脂溶解,逐滴加入丙酮 3~5 mL。

图 3-18 溶解卵磷脂

现象:加入丙酮后可明显看到烧杯中会不断形成白色絮状物质,到了一定的量后,沉淀不再增加。

(四)卵磷脂的水解及三甲胺的检查

取 1 支干燥大试管,加入少量提取的卵磷脂及 5 mL 10%氢氧化钠溶液,水浴加热 10 min,在管口放 1 片红色石蕊试纸,观察颜色变化,并嗅其气味。同时用玻璃棒搅拌,卵磷脂即水解。冷却后,在玻璃漏斗中用少量棉花过滤,滤液供鉴定使用。

现象:石蕊试纸变蓝,有鱼腥气味散出。

(五)卵磷脂的组成鉴定

1. 脂肪酸的检验

取棉花上滤渣少许,加 2 滴 10％氢氧化钠溶液与 5 mL 水,用玻璃棒搅拌使其溶解,观察有无泡沫生成,在普通漏斗中用棉花过滤,滤出清液。清液用浓硝酸酸化后加入 10％醋酸铅溶液 2～3 滴。

现象:有白色沉淀生成(图 3-19)。

图 3-19 脂肪酸的检验

2. 磷酸的检验

取 1 支干净试管,加入 10 滴上述滤液和 5～10 滴 95％乙醇,然后加入 5～10 滴钼酸铵试剂,观察现象,最后将试管放入热水浴中加热 5～10 min。

现象:加热前溶液浑浊,加热后溶液变澄清(图 3-20)。

3. 甘油的检验

取 1 支干净试管,加入 5％硫酸铜溶液 1 滴、10％氢氧化钠溶液 2 滴,振摇,有氢氧化铜沉淀生成,加入水解液。

现象:沉淀溶解,溶液呈深蓝色(图 3-21)。

4. 胆碱的检验

取滤液 1 mL,滴加浓硫酸中和(用蓝色石蕊试纸检查),加克劳特试剂 1 滴。

现象:生成砖红色沉淀(图 3-22)。

图 3-20 磷酸的检验　　　图 3-21 甘油的检验　　　图 3-22 胆碱的检验

五、注意事项

1. 乙醚、丙酮及乙醇均为易燃品,浓硝酸、浓硫酸具有腐蚀性,使用时注意安全。
2. 过滤前,先用乙醇或三氯甲烷浸湿滤纸,不能用水浸湿滤纸。

六、问题与讨论

1. 卵磷脂的纯化中,加丙酮之前为何要加少量氯仿?
2. 卵磷脂有哪些生理作用?

项目三　黄连中黄连素的提取

一、实训任务

1. 学习从中草药中提取生物碱的原理和方法。
2. 熟悉固液提取的装置与方法。

二、实训原理

黄连(图 3-23)是我国特产药材之一,具有良好的抗菌性,对急性结膜炎、口疮、急性细菌性痢疾、急性肠胃炎等均有很好的疗效。黄连中含有多种生物碱,以黄连素(俗称小檗碱,见图 3-24)为主要有效成分,随野生和栽培及产地的不同,黄连中黄连素的含量为 $4\%\sim10\%$。含黄连素的植物很多,如黄柏、三颗针、伏牛花、白屈菜、南天竹等均可作为提取黄连素的原料,但以黄连和黄柏中黄连素的含量为最高。

图 3-23　黄连

图 3-24　黄连素

黄连素是黄色针状体,微溶于水和乙醇,较易溶于热水和热乙醇,几乎不溶于乙醚。黄连素存在 3 种互变异构体,但自然界中多以季铵碱的形式存在。黄连素的盐酸盐、氢碘酸盐、硫酸盐、硝酸盐均难溶于冷水,易溶于热水,其各种盐的纯化均比较容易。

醇式　　　　　　　　　　醛式　　　　　　　　　　季铵碱式

三、仪器与试剂

仪器:圆底烧瓶、球形冷凝管、天平、布氏漏斗、抽滤瓶、真空泵、表面皿。

试剂:黄连、乙醇、1%醋酸、浓盐酸。

四、实训步骤

(一)粉碎

取适量黄连,切碎,研磨,称取 2 g 磨细的黄连。

(二)回流提取

将称好的黄连放入 25 mL 圆底烧瓶中,加入 10 mL 乙醇,装上回流冷凝管,在热水浴中加热回流 30 min,冷却并静置浸泡 30 min(图 3-25),抽滤,滤渣重复上述操作处理 1 次。合并两次所得滤液。

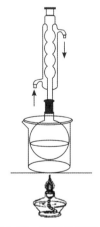

图 3-25　回流冷凝装置

（三）蒸发浓缩

在真空泵减压下蒸发浓缩合并滤液，蒸出乙醇。

（四）结晶

加入 6～8 mL 1‰醋酸溶液，加热溶解，趁热抽滤以除去不溶物，然后在滤液中滴加浓盐酸至溶液浑浊为止（约需 2 mL），放置冷却，即有黄色晶体析出。

（五）抽滤

抽滤并用冰水洗涤滤出的晶体 2 次，再用丙酮洗涤 1 次，将所得晶体转移至表面皿。

（六）称量

将所得黄连素晶体烘干后称重。

五、注意事项

1. 本实训也可用索氏提取器连续提取。

2. 得到纯净的黄连素比较困难。将黄连素盐酸盐加热水至刚好溶解，煮沸，用石灰乳调节 pH＝8.5～9.8，冷却后滤去杂质，滤液继续冷却至室温以下，即有针状体的黄连素析出，抽滤，将结晶在 50～60 ℃下干燥。

六、问题与讨论

1. 黄连素是何种生物碱类化合物？

2. 为何要用石灰乳来调节 pH？用强碱氢氧化钠调节可以吗？

模块三　探究设计性实训

项目一　酯的制备

低级酯是具有芳香气味的液体。水果成熟时散发出水果香味,是因为果肉中的有机酸与醇转化生成了酯。如梨含有乙酸正丙酯(图 3-26),苹果含有异戊酸异戊酯(图 3-27),香蕉含有乙酸异戊酯(图 3-28)等。

图 3-26　梨与乙酸正丙酯　　图 3-27　苹果与异戊酸异戊酯　　图 3-28　香蕉与乙酸异戊酯

在酸催化作用下,羧酸与醇反应生成酯的反应称为酯化反应。酯化反应是可逆反应,如果没有酸的催化,酸与醇的酯化反应很难进行。酯化反应通式如下:

$$\underset{\text{O}}{R-\overset{\displaystyle \|}{C}-\boxed{OH + H}OR' \ \overset{H^+}{\rightleftharpoons}\ R-\overset{\displaystyle \|}{\underset{\text{O}}{C}}-OR' + H_2O}$$

羧酸与叔醇、酚在酸催化下也难以发生酯化反应,因此酰氯和酸酐与醇(或酚)的反应是制备叔醇酯(或酚酯)的重要方法之一。那么,如何进行酯的制备?制备的酯如何分离纯化?

一、查阅资料

1. 了解酯的制备方法和原理、酯的理化性质与用途。
2. 工业合成酯类有哪些方法？哪些方法较容易实现？哪些方法较可靠？
3. 产物组分有哪些？用什么方法分离纯化效果最好？

二、设计实训方案

1. 选择下列酯中的一种，列出所需仪器和试剂，并画出实验装置图。

乙酸正丙酯（梨子香味）、异戊酸异戊酯（苹果香味）、乙酸异戊酯（香蕉气味，蜜蜂的警报信息素）、水杨酸甲酯（冬青油）、丁酸乙酯（菠萝味）、邻氨基苯甲酸甲酯（葡萄香味）、乙酸苄酯（栀子香味）。

2. 确定实训方法、步骤、注意事项。
3. 上交实训方案，教师审核。

三、实训操作

1. 方案审核通过后，向实训室申请，确定实训时间。
2. 学生完成实训的具体操作，做好实训记录，教师签字确认。

四、实训报告

1. 完成实训报告。
2. 对实训结果分析评价，对比不同组、不同提取方法提取的产品，组织讨论。
3. 给出结论，确认所得产物是否符合要求。

项目二　从橙子皮（或柚子皮、柠檬皮）中提取柠檬烯

精油是植物组织经水蒸气蒸馏等方法得到的挥发性成分的总称，具有令人愉快的香味，主要成分为单萜类化合物。橙子、柚子和柠檬等果皮里精油含量较高（图3-29～图3-31），其主要成分（90%以上）是柠檬烯（图3-32）。

 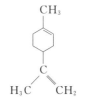

图 3-29　橙子　　　图 3-30　柚子　　　图 3-31　柠檬　　　图 3-32　柠檬烯结构式

柠檬烯有令人愉悦的柠檬香气,可用于制作软饮料、冰激凌、糖果等。如何从橙子皮(或柚子皮、柠檬皮)中提取精油? 如何鉴定精油中的柠檬烯成分?

一、查阅资料

1. 了解柠檬烯的结构、理化性质、用途。
2. 了解萃取法与水蒸气蒸馏法的方法原理与操作步骤。
3. 如何鉴定柠檬烯?

二、设计实训方案

1. 以橙子皮(或柚子皮、柠檬皮)为提取物,列出所需仪器和试剂,并画出实验装置图。
2. 确定实训方法、步骤、注意事项。
3. 上交实训方案,教师审核。

三、实训操作

1. 方案审核通过后,向实训室申请,确定实训时间。
2. 学生完成实训的具体操作,做好实训记录,教师签字确认。

四、实训报告

1. 完成实训报告。
2. 对实训结果分析评价,对比不同组的提取产品,组织讨论。
3. 给出结论,确认所得产物是否符合要求。

项目三　从茶叶(或咖啡)中提取咖啡因

咖啡因(图 3-34)是一种黄嘌呤生物碱化合物,是一种中枢神经兴奋剂,能够暂时驱走睡意并恢复精力,临床上用于治疗神经衰弱和昏迷复苏。咖啡因是弱碱性化合物,为无色针状结晶,易溶于氯仿、水及乙醇等。

茶叶(图 3-35)中含有多种生物碱,其中以咖啡因为主,占 1‰~5‰。咖啡(图 3-36)中含有咖啡因,占咖啡豆干重的 1‰~2‰。如何从茶叶(或咖啡)中提取咖啡因? 如何对提取的咖啡因去除杂质纯化?

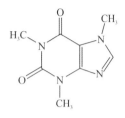

图 3-34　咖啡因结构式

图 3-35　茶叶

图 3-36　咖啡

一、查阅资料

1. 了解从植物中提取生物碱的原理和方法,以及咖啡因的分子结构、理化性质与生理作用。

2. 了解索氏提取器的原理及使用方法、回流提取方法。

3. 如何用升华的方法从茶叶中提取咖啡因?

二、设计实训方案

1. 以茶叶(或咖啡)为提取物,列出所需仪器和试剂,并画出实验装置图。

2. 确定实训方法、步骤、注意事项。

3. 上交实训方案,教师审核。

三、实训操作

1. 方案审核通过后,向实训室申请,确定实训时间。

2. 学生完成实训的具体操作,做好实训记录,教师签字确认。

四、实训报告

1. 完成实训报告。

2. 对实训结果分析评价,对比不同组的提取产品,组织讨论。

3. 给出结论,确认所得产物是否符合要求。

附　录

附录一　"基础化学实训"课程标准

一、课程地位、性质

"基础化学实训"是药学类、中药学类与应用化工类专业必修基础课程"基础化学"（无机化学、有机化学与分析化学）的配套通用实训课程，是理论和实际密切结合的技能训练重要环节，对药学类、中药学类职业技能型专业人才培养有着至关重要的作用。

本课程内容根据药学类、中药学类专业培养目标确定，要求学生系统地、扎实地掌握化学实训的基本技能，将化学与药学类、中药学类及应用化工类专业紧密结合起来，为后续课程的学习和继续深造，及从事药学类、中药学类或应用化工类专业领域的工作打下坚实的基础。同时，进一步加强对学生提出问题、分析问题、解决问题能力的培养，训练提高学生的科学思维能力和动手能力，激发学生的创新思维和创新精神，全面落实立德树人要求，实现铸魂育人任务，培育和弘扬社会主义核心价值观。

二、课程设计思路

（一）总体思路

1. 课程标准要符合高职高专人才培养方案，体现"创新思维""以人为本"的现代教育新观念。

2. 课程标准要结合学生状况、教学资源等实际，力求达到既有前瞻性、科学性，又实事求是，便于操作与管理。

3. 课程标准要体现现代科技含量,在学生学习评价、成绩管理等方面要充分利用现代信息技术,提高工作效率和管理水平。

(二)具体设计

"基础化学实训"实训内容划分为 3 部分 8 个模块 38 个项目,教学中可根据专业要求与课时安排,选取部分项目开展实训。

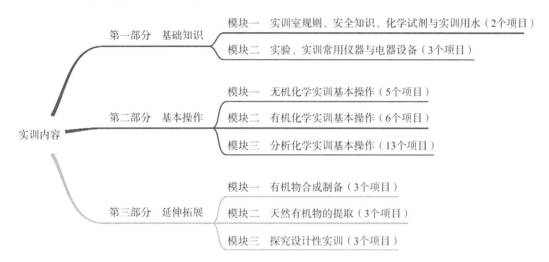

三、课程目标

(一)总体目标

通过基础化学实训,掌握化学实验基本方法和基本技能,对所学内容学以致用,提高解决实际问题的能力,为后续学习及解决工作中的化学问题打下坚实基础,培养实事求是、严谨认真的科学态度和良好的实验素养,实现知识传授、能力培养、素质教育的协调发展,用习近平新时代中国特色社会主义思想铸魂育人,培育和弘扬社会主义核心价值观。

(二)分类目标

1. 知识与技能目标

(1)掌握基础化学实训中重要的实验技能、方法与注意事项。包括:①安全知识、事故的预防与急救处理;②常用仪器的洗涤、干燥、保养、使用,常用电器设备的使用;③溶液配制、蒸馏、过滤、抽滤、重结晶、萃取、滴定液的配制与标定,滴定分析的操作方法,以及电子天平、pH 计、紫外-可见分光光度计、纸色谱等实验装置的组装与操作。理解化学在医药学中的基础地位和重要性。

(2)学以致用,掌握基本的有机合成制备,天然有机物的提取、分离的方法与操作。

(3)培养学生的发散性思维,增强创新能力,具有描绘仪器装置简图、绘制实验流程图、记录与处理实验数据、撰写实训报告、查阅资料及设计实验的能力。

（4）实事求是，能独立完成实训装置的组装，如实记录实验现象，正确处理实验数据，合理解释实训现象，科学判断实训结果，规范地完成实训报告。

2. 过程与方法目标

通过实训训练，体验观察、实践、验证、讨论等学习过程，理解实训在化学课程学习中的重要作用。在掌握基本实验操作技能的同时，在实训中发现问题，在讨论中解决问题，学习研究能力得以提高。

3. 情感态度与价值观目标

（1）重视与化学有关的社会问题，树立珍惜资源、保护环境的绿色环保理念。

（2）养成辩证思维的能力和创新精神，树立质疑、求证、求实、创新的科学态度。

（3）确立终身学习的理念，养成主动学习、自主学习、自我完善的意识。

（4）重视与同学协作共处，增强协作精神和团队意识。

（5）能用化学的理论解释一些医药学和生物学问题，认同化学在生命科学发展中的积极作用，热爱化学，热爱医药学，培育和弘扬社会主义核心价值观。

四、考核评价

实训总评＝过程评价×0.7＋考核评价×0.3

$$过程评价＝\frac{实际开展实训项目得分总和}{实际开展实训项目总分总和}×100$$

实训项目评分标准

一、实训态度（30分）	1. 着装端正，预习实训并做好实训预习笔记（10分）
	2. 仪器、试剂摆放有序，实训台面清洁干净（10分）
	3. 实训结束后将仪器、试剂放回原处，台面擦拭干净（10分）
二、实训操作（50分）	1. 明确实训任务（10分）
	2. 领会实训原理，熟悉实训步骤（20分）
	3. 实训记录真实清楚，解释结论合理（10分）
	4. 结果正确（10分）
三、实训报告（20分）	1. 实训报告书写规范（10分）
	2. 问题与讨论回答正确（10分）

实训项目评分记录

自评分	小组评分	教师评分	综合评分

注：综合评分＝自评分×0.2＋小组评分×0.3＋教师评分×0.5。

等级判定：

优，≥90分；良，≥80～90分；中，≥70～80分；及格，≥60～70分；不及格，＜60分。

基础化学实训

实训考核标准量化

考核内容	要求与扣分标准	得分	备注
一、实训态度	**考核内容** 1. 实训着装 2. 实训准备 3. 实训结束工作 **操作要求** 1. 穿实训服,着装端正(10分) 2. 实训准备(10分)。提前准备好实训报告;仪器、试剂放置要合理有序;实训台面要清洁、整齐,所用玻璃仪器实训前要确保干净 3. 实训结束工作(10分)。实训结束后应清洗仪器、整理试剂,将仪器、试剂放回原处,实训台擦拭干净 **扣分细则** 1. 未穿实训服,扣10分;实训服扣子未系,扣10分;长发未扎,扣10分;穿拖鞋,扣10分 2. 实训前未准备实训报告,扣5分;未进行实训仪器、试剂清点,扣5分;玻璃仪器未检查是否干净,扣5分 3. 实训结束未清洗仪器,扣5分;仪器、试剂未归位,扣5分;实训台未擦拭,扣5分		
二、实训操作	**考核内容** 1. 问题与讨论(抽选1) 2. 常用仪器名称、用法、注意事项(抽选1) 3. 操作:设置两项备考项目(抽选1) **操作要求** 1. 问题与讨论(10分) 2. 常用仪器名称、用法、注意事项(10分) 3. 实训操作,数据记录与处理,解释与结论(30分) **扣分细则** 1. 问题与讨论回答不正确或不全,酌情扣1～10分 2. 仪器识认(名称、用法、注意事项)不对,酌情扣1～10分 3. 操作:(1)试剂的取用、仪器的安装与使用;(2)现象观察、数据记录;(3)实训过程的安排、解释与结论,各占10分,如有某项不符,则该项酌情扣1～10分		
三、实训报告	**考核内容** 实训报告格式,实训报告书写,现象或数据记录,实训结论 **操作要求** 1. 实训报告格式规范,记录清楚(10分) 2. 数据处理、解释或结论正确(10分) **扣分细则** 1. 格式不规范,记录不清楚,酌情扣2～10分 2. 现象或数据记录错误,扣5分;解释或结论错误,扣5分		

附录二　化学实训安全知识测试题

一、单项选择题

1. 把玻璃管或温度计插入橡皮塞或软木塞时,下列操作方法不正确的是(　　　)。

A.可在玻璃管上沾些水或涂上甘油等作润滑剂,一手拿着塞子,一手拿着玻璃管一端(两只手尽量靠近),边旋转边慢慢地把玻璃管插入塞子中

B.橡皮塞等钻孔时,打出的孔比管径略小,可用圆锉把孔锉一下,适当扩大孔径

C.无须润滑,且操作时与双手距离无关

D.管端应烧圆滑,用布裹手或戴厚手套,以防割伤手

2. 如不慎发生意外,下列操作正确的是(　　　)。

A.如不慎将化学品弄洒或污染,立即自行回收或者清理现场,以免对他人产生危险

B.任何时候见到他人洒落的液体应及时用抹布抹去,以免发生危险

C.pH 中性即意味着液体是水,自行清理即可

D.不慎将化学试剂弄到衣物和身体上,立即用大量清水冲洗 10～15 min

3. 以下物质中,应该在通风橱内操作的是(　　　)。

A.氢气　　　　　　　B.氮气　　　　　　　C.氦气　　　　　　　D.氯化氢

4. 下列高温实验装置使用注意事项错误的是(　　　)。

A.注意防护高温对人体的辐射

B.熟悉高温装置的使用方法,并细心操作

C.如不得已非将高温炉之类高温装置置于耐热性差的实验台上进行实验时,装置与台面之间要保留 1 cm 以上的间隔隙,并加垫隔热层,以防台面着火

D.使用高温装置的实验,要求在防火建筑内或配备有防火设施的室内进行,并要求密闭,以减少热量损失

5. 有些化学试剂对人有刺激眼睛、灼伤皮肤、损伤呼吸道、麻痹神经及燃烧、爆炸等危害或危险,一定要注意危险化学品的使用安全。以下不正确的做法是(　　　)。

A.了解所使用的危险化学品的特性,不盲目操作,不违章使用

B.妥善保管危险化学品,做到标签完整,密封保存;避热、避光,远离火种

C.室内可存放大量危险化学品

D.严防室内积聚高浓度易燃易爆气体

6. 加热时,液体量不能超过烧瓶容积的(   )。

A.1/2   B.2/3   C.3/4   D.4/5

7. 取用化学试剂时,以下操作正确的是(   )。

A.取用腐蚀和刺激性药品时,尽可能戴上橡皮手套和防护眼镜

B.倾倒时,切勿直对容器口俯视;吸取时,应该使用橡皮球

C.开启有毒气体容器时应戴防毒用具

D.以上都是

8. 取用试剂时,以下说法错误的是(   )。

A.不能用手接触试剂,以免危害健康和沾污试剂

B.取用试剂时,瓶塞应倒置在桌面上,以免弄脏。取好试剂后,立即盖上瓶塞,将试剂瓶放回原处,标签朝外

C.要用干净的药匙取固体试剂,用过的药匙要洗净擦干后才能再用

D.多取的试剂可倒回原瓶,避免浪费

9. 关于浓硫酸的稀释,下列操作正确的是(   )。

A.将水快速倒入浓硫酸中,快速搅拌

B.将水缓慢倒入浓硫酸中,边加边搅拌

C.将浓硫酸快速倒入水中,快速搅拌

D.将浓硫酸缓慢加入水中,边加边搅拌

10. 当有汞(水银)洒落时,应(   )。

A.用水擦

B.用拖把拖

C.扫干净后倒入垃圾桶

D.将洒落的水银收集至密封容器中,加水或甘油液封,地面或桌面再用硫黄粉覆盖,收集后统一处理

11. 下列不属于个人安全防护设施的是(   )。

A.防护镜   B.口罩   C.安全帽   D.通风橱

12. 实验室火灾报警电铃响时,应当(   )。

A.立即停止实验,按照紧急预案迅速离开实验室

B.坚持做完实验后再离开

C.出去了解情况后再决定

D.打电话求救,值守现场,等待救援

13. 有些固体化学试剂接触空气会发生强烈的氧化反应,如黄磷,应(   )。

A.保存在水中   B.放在塑料盒中

C.用纸包裹存放   D.放在试剂瓶中

14. 下列气体中,无毒的是(   )。

A.一氧化碳   B.氧气   C.硫化氢   D.氰化氢

15. 下列物质无毒的是(   )。

A.甲醇   B.硫化氢   C.甲醛   D.乙醇

16. 下列物质应避免与水接触以免发生危险的是(　　　)。

A.氯化钠　　　　　　B.氯化钙　　　　　　C.氢化铝　　　　　　D.碳酸钙

17. 下列不属于危险化学品的是(　　　)。

A.汽油　　　　　　　　　　　　　　B.放射性物质

C.有机过氧化物　　　　　　　　　　D.氯化钾

18. 金属钾、钠、锂、钙、电石等固体化学试剂,遇水即可发生激烈反应,并放出大量热,也可产生爆炸,应(　　　)。

A.直接放在试剂瓶中

B.完全浸没在煤油或矿物油中保存,容器不得渗漏,附近不得有盐酸、硝酸等散发酸雾的物质

C.用纸密封包裹存放

D.放在铁盒子里

19. 下列(　　　)试剂不用放在棕色瓶内存放。

A.硫酸亚铁　　　　　B.高锰酸钾　　　　　C.硝酸银　　　　　　D.硫酸钠

20. 以下液体中,投入金属钠会起火燃烧的是(　　　)。

A.无水乙醇　　　　　B.苯　　　　　　　　C.水　　　　　　　　D.煤油

21. 苯属于高毒类化学品,下列叙述正确的是(　　　)。

A.短期接触,苯对中枢神经系统产生麻痹作用,引起急性中毒

B.长期接触,苯会对血液造成极大伤害,引起慢性中毒

C.对皮肤、黏膜有刺激作用,是致癌物

D.以上都对

22. 以下气体中,有毒的气体为(　　　)。

A.氧气　　　　　　　B.氮气　　　　　　　C.二氧化碳　　　　　D.氯气

23. 下列酸中,具有强烈腐蚀性的是(　　　),使用时必须做好防护。

A.浓硫酸　　　　　　B.稀硫酸　　　　　　C.盐酸　　　　　　　D.醋酸

24. 以下试剂中,可以与水直接接触的是(　　　)。

A.钠　　　　　　　　B.电石　　　　　　　C.钾　　　　　　　　D.白磷

25. 下列溶剂中,不属于易燃类液体的是(　　　)。

A.乙醇　　　　　　　B.四氯化碳　　　　　C.石油醚　　　　　　D.丙酮

26. 化学试剂库中的一般试剂应(　　　)。

A.按生产日期分类存放

B.按采购量的多少分类存放

C.按有机试剂、无机试剂两大类,有机试剂再细分小类存放

D.按购置日期分类存放

27. 下列(　　　)不是发生爆炸的基本因素。

A.温度　　　　　　　B.压力　　　　　　　C.湿度　　　　　　　D.火源

28. 皮肤若被低温(如固体二氧化碳、液氮)冻伤,应(　　　)。

A.立即送医院　　　　　　　　　　　B.用温水慢慢恢复体温

C.用火烧烤　　　　　　　　　　　　D.应尽快浸入热水

29. 当不慎把大量浓硫酸滴在皮肤上,正确的处理方法是(   )。

A.用酒精棉球擦去

B.不做处理,立即去医院

C.用碱液中和,用水冲洗

D.用吸水性强的纸或布吸去后,再用水冲洗

30. 当不慎把少量浓硫酸滴在皮肤上(在皮肤上没形成挂液)时,正确的处理方法是(   )。

A.用酒精棉球擦去　　　　　　　　B.不做处理,立即去医院

C.用碱液中和,用水冲洗　　　　　　D.用水直接冲洗

31. 眼睛被化学试剂灼伤后,首先采取的正确方法是(   )。

A.点眼药膏　　　　　　　　　　　B.立即开大眼睑,用清水冲洗眼睛

C.用碱液中和,用水冲洗　　　　　　D.不做处理,捂住眼睛立即到医院急诊

32. 应(   )简单辨认有味的化学试剂。

A.用鼻子对着瓶口去辨认气味

B.用舌头品尝试剂

C.将瓶口远离鼻子,用手在瓶口上方扇动,稍闻其味即可

D.取出一点,用鼻子凑近闻

33. 使用化学试剂前应做好的准备有(   )。

A.明确试剂在实验中的作用　　　　B.熟悉试剂的性质

C.了解试剂的毒性、中毒后的急救措施　　D.以上都对

二、判断正误(对的打"√",错的打"×")

1. 误服强酸导致消化道烧灼痛,为防止进一步加重损伤,不能催吐,可口服牛奶、鸡蛋清、植物油等。(   )

2. 发生强碱烧伤,应立即去除残留强碱,再以流动的清水冲洗;若消化道被灼伤,可适当服用一些牛奶、蛋清。(   )

3. 当有人呼吸系统中毒时,应迅速使中毒者离开现场,移到通风良好的环境中,令中毒者呼吸新鲜空气,情况严重者应及时送医院治疗。(   )

4. 眼睛溅入化学试剂时,应用大量清水冲洗,然后送医院诊治。(   )

5. 通风控制措施就是借助于有效的通风,使气体、蒸气或粉尘的浓度低于最高容许浓度。(   )

6. 由于金属络合剂能与毒物中的金属离子形成稳定的化合物,随尿液排出体外,故发生金属及其盐类中毒时,可采用各种金属络合剂解毒。(   )

7. 做危险化学实验时应佩戴各种眼镜进行防护,包括戴隐形眼镜。(   )

8. 被碱灼伤后应立即用大量水洗,再以1%～2%硼酸液洗,最后用水洗。(   )

9. 发生危险化学品事故后,应该向上风方向疏散。(   )

10. 有机溶剂能穿过皮肤进入人体,应避免直接与皮肤接触。(   )

11. 溴灼伤皮肤,立即用乙醇洗涤,然后用水冲净,涂上甘油或烫伤膏。（　　）

12. 电路或电器着火时,应使用二氧化碳灭火器灭火。（　　）

13. 在着火和救火时,若衣服着火,要赶紧跑到空旷处用灭火器扑灭。（　　）

14. 电路或电器着火时,可用泡沫灭火器灭火。（　　）

15. 当酸或碱溅入眼睛时,不必采取应急处理,只需立即送附近医院救治。（　　）

16. 干粉灭火剂是扑救精密仪器火灾的最佳选择。（　　）

17. 用灭火器灭火时,灭火器的喷射口应该对准火焰的中部。（　　）

18. 发现火灾时,单位或个人应该先自救,当自救无效、火越着越大时,再拨打火警电话119。（　　）

19. 当被烧伤时,正确的急救方法应该是以最快的速度用冷水冲洗烧伤部位。（　　）

20. 皮肤烧伤后如有水泡,应及时将水泡刺破,以利于其恢复。（　　）

21. 身上着火被熄灭后,应马上把粘在皮肤上的衣物脱下来。（　　）

22. 创伤伤口内有玻璃碎片等大块异物时,应在去医院救治前尽快取出。（　　）

23. 误吸入溴蒸气、氯气等有毒气体时,立即吸入少量酒精和乙醚的混合蒸气,以便解毒,同时应到室外呼吸新鲜空气,再送医院。（　　）

24. 化学泡沫灭火器可扑救一般油品、油脂等的火灾,但不能扑救醇、酯、醚、酮等引起的火灾和带电设备的火灾。（　　）

25. Hg 通常经过皮肤和消化道进入人体。（　　）

26. 燃点越低的物品越安全。（　　）

27. 化学爆炸品的主要特点是:反应速率极快,放出大量的热,产生大量的气体,只有上述三个条件都同时具备的化学反应才能发生爆炸。（　　）

28. 从消防观点来说,液体闪点就是可能引起火灾的最低温度。（　　）

29. 实验室毒物进入人体有三条途径:皮肤、消化道和呼吸道。实验室防毒应加强个人防护。（　　）

30. 金属钠、钾可以存放在水中,以避免与空气接触。（　　）

31. 在使用化学品的工作场所吸烟,可能会造成火灾和爆炸,但不会中毒。（　　）

32. 不要向浓酸,特别是浓硫酸中注入水,以免放出大量热,发生危险。（　　）

33. 实验室安全工作的中心任务是防止发生人员伤亡与财产损失。（　　）

34. 实验室的电源总闸没有必要每天离开时都关闭,只要关闭常用电器的电源即可,经常开关总闸会缩短其使用寿命。（　　）

附录三 化学实训安全知识测试题参考答案

一、单项选择题

1~5   CDDDC   6~10   BDDDD   11~15   DAABD
16~20 CDBDC   21~25 DDADB   26~30   CCBDD
31~33 BCD

二、判断正误

1~5   √√√√√   6~10   √×√√√
11~15 √√×××   16~20 ×××√×
21~25 ××√√×   26~30 ×√√√×
31~34 ×√√×

附录四　实训报告示范

示范一　胶体溶液的制备与性质

姓名：_____　班级：_____　学号：_____　同组人：_____　日期：___年___月___日

一、实训任务

自评分	小组评分	教师评分	综合评分

二、实训内容（简洁描述）

1. 溶胶的制备

(1)$Fe(OH)_3$溶胶的制备

在烧杯中＋_____mL 蒸馏水→加热至沸腾→逐滴＋约_____mL 1 mol/L $FeCl_3$ 溶液→继续煮沸,待溶液呈_____色停止加热。

(2)硫溶胶的制备

在试管中＋_____mL 蒸馏水,逐滴加入硫的无水乙醇饱和溶液_____滴,并不断振荡,观察硫溶胶的生成。

2. 溶胶的光学性质(丁达尔效应)

实验对象	操作	现象
$CuSO_4$ 溶液	置于暗处用手电筒照射,在光线垂直方向观察	
$Fe(OH)_3$ 溶胶		

3. 溶胶的聚沉

(1)加入少量电解质使溶胶聚沉

1 支试管＋5 mL 氢氧化铁溶胶→逐滴＋1 mol/L Na_2SO_4 溶液至浑浊,所需滴数为_____。

1 支试管＋5 mL 氢氧化铁溶胶 → 逐滴＋1 mol/L NaCl 溶液至浑浊,所需滴数为_____。

解释或结论:_____。

(2)带不同电荷的溶胶相互聚沉

取 1 支试管＋2 mL 氢氧化铁溶胶 → 2 mL 硫溶胶。

现象:_____。

解释或结论:_____。

(3)加热

取 1 支试管＋2 mL 氢氧化铁溶胶 → 加热至沸腾。

现象:_____。

解释或结论:_____。

4. 高分子化合物对溶胶的保护作用

1 mL 明胶溶液＋5 滴 1 mol/L NaCl 溶液 → 振荡＋2 滴 1 mol/L AgNO₃ 溶液

现象:_____。

1 mL 蒸馏水＋5 滴 1 mol/L NaCl 溶液 → 振荡＋2 滴 1 mol/L AgNO₃ 溶液

现象:_____。

解释或结论:_____。

三、问题与讨论

1. 为什么溶胶对电解质敏感,加入少量电解质就发生聚沉,而蛋白质溶液则需要加入大量的电解质才会聚沉?

2. 哪些因素可以使溶胶发生聚沉?

示范二 阿司匹林的制备

姓名:_____ 班级:_____ 学号:_____ 同组人:_____ 日期:___年___月___日

一、实训任务

自评分	小组评分	教师评分	综合评分

二、实训原理

$$\underset{\text{COOH}}{\underset{\text{OH}}{\bigcirc}} + CH_3COCCH_3 \xrightarrow[75\sim80\ ℃]{浓\ H_2SO_4}$$

三、实训步骤

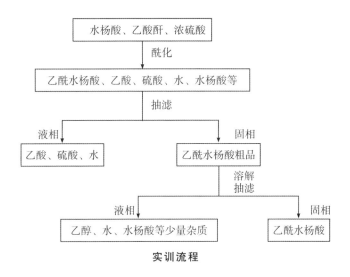

实训流程

（一）酰化

干燥锥形瓶中加入_____和____mL 乙酸酐,滴入__滴浓硫酸
↓
配上塞子,摇匀后,70～80 ℃水浴加热 15 min
↓
不断振摇,使反应进行完全

（二）结晶抽滤

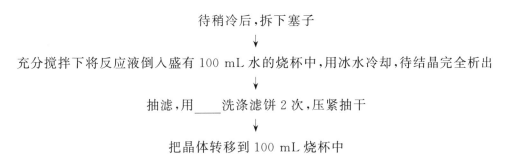

（三）重结晶（乙酰水杨酸的提纯）

把粗品乙酰水杨酸放入烧杯中,边搅拌边加入_____35%乙醇

↓

置于_____℃水浴中加热,使其迅速溶解(若不能完全溶解,可酌情补加 35%乙醇)

↓

静置到室温,冰水冷却,待结晶完全析出后,抽滤

↓

用少量冷水洗涤滤饼 2 次,用干净玻璃塞压紧抽干

↓

结晶转移至表面皿中,晾干

↓

称重,计算产率

实际产量＝_____。

已知：$M_{乙酰水杨酸}=180$ g/mol,$M_{水杨酸}=138$ g/mol。

理论产量$=4.3$ g$\times\dfrac{M_{乙酰水杨酸}}{M_{水杨酸}}=$_____。

产率$=\dfrac{实际产量}{理论产量}\times100\%=$_____。

四、问题与讨论

1. 制备阿司匹林时,浓硫酸的作用是什么?

2. 本实训哪些步骤中要求使用的仪器必须干燥? 为什么?

3. 用什么方法可简便地检验产品中是否残留未反应完全的水杨酸?

示范三　高锰酸钾标准曲线的绘制(工作曲线法与系数法测定)

姓名：_____ 班级：_____ 学号：_____ 同组人：_____ 日期：___年___月___日

一、标准曲线的绘制(拟合回归方程)

自评分	小组评分	教师评分	综合评分

1. 标准溶液稀释

标准溶液浓度/(μg/mL)	125				
标准溶液体积/mL	2.00	4.00	6.00	8.00	10.00
定容体积/mL	25.00	25.00	25.00	25.00	25.00
稀释后标样溶液浓度/(μg/mL)					

2. 工作曲线法测定稀释后标样溶液，绘制标准曲线，拟合回归方程

$\lambda_{max} = $ ＿＿＿＿＿＿＿，吸收池厚度＝＿＿＿＿＿＿，相关系数 $r = $ ＿＿＿＿＿＿，回归方程：＿＿＿＿＿＿＿＿＿＿＿＿，回归系数 $K = $ ＿＿＿＿＿＿，回归系数 $B = $ ＿＿＿＿＿＿。

(1)将手机拍下的标准曲线图复制粘贴于 Word 文档(纸张大小设为 A4)。

(2)在 Word 文档中对图片进行裁剪修边，调整图片大小约为 1/4 页面。

(3)打印文档，裁去空白，留下图片区域。

(4)将裁好的图片背面涂约 1 cm 宽胶水(或粘贴双面胶带)，粘贴于方框中，要求图片居中，图片上沿与方框上边线平齐。

二、样品稀释与测定

1. 样品稀释

精密移取 10.00 mL $KMnO_4$ 样品溶液到 25 mL 容量瓶，用蒸馏水稀释至刻度，摇匀。

稀释倍数：$n = $ ＿＿＿＿＿＿＿。

2. 系数法测定样品稀释液吸光度

$A = $ ＿＿＿＿＿＿，$c_{KMnO_4} = $ ＿＿＿＿＿＿。

样品浓度 c_{KMnO_4}(样品)＝$c_{KMnO_4} \times n = $ ＿＿＿＿＿＿。

示范四　吸光系数法测定维生素 B_{12} 注射液含量

姓名：＿＿＿＿＿　班级：＿＿＿＿　学号：＿＿＿＿　同组人：＿＿＿＿＿＿　日期：＿＿年＿＿月＿＿日

一、实训步骤

自评分	小组评分	教师评分	综合评分

1. 维生素 B_{12} 的定性鉴别

(1)精密吸取 1 mL 维生素 B_{12} 注射液(规格 1 mL：1 mg)于 50 mL 容量瓶中(使稀释后试样溶液的浓度为 20 $\mu g/mL$)，用蒸馏水稀释至刻度，摇匀。

(2)将稀释后的试样溶液和参比溶液(以纯化水代替)分别盛于 1 cm 吸收池中，分别在 278 nm、361 nm 和 550 nm 波长处测定其吸光度 A_{278}、A_{361} 和 A_{550}。

2. 计算维生素 B_{12} 注射液的含量

维生素 B_{12} 稀释溶液的浓度：$\rho_{B_{12}} = A_{361} \times 48.31\ \mu g/mL$。

维生素 B_{12} 注射液的浓度(真实含量)：$\rho_{注} = \rho_{B_{12}} \times n$。

维生素 B_{12} 注射液的标示量百分含量＝$\dfrac{\rho_{注}}{\rho_{标示含量}} \times 100\%$。

二、数据记录与处理

溶剂：_____ 吸收池厚度：_____

λ/nm		278	361	550
	A			
定性分析	比吸光系数	计算值	《中国药典》(2015年版)二部规定值	
	$\dfrac{A_{361}}{A_{278}}$		1.70～1.88	
	$\dfrac{A_{361}}{A_{550}}$		3.15～3.45	
	结论：比吸光系数_____（填"符合"或"不符合"）规定值，_____（填"是"或"否"）维生素 B_{12}			
定量分析	维生素 B_{12} 稀释溶液浓度 $\rho_{B_{12}}$			
	稀释倍数 n			
	维生素 B_{12} 注射液浓度 $\rho_{注}$（真实含量）			
	维生素 B_{12} 注射液标示含量 $\rho_{标示含量}$			
	维生素 B_{12} 注射液标示量百分含量			
	结论：含量_____（填"符合"或"不符合"）规定值			

三、问题与讨论

1. 测定吸光度时为什么采用石英吸收池？若采用玻璃吸收池，有何影响？
2. 用吸光系数法进行定量分析的优缺点是什么？

示范五　纸色谱法分离与鉴定氨基酸

姓名：_____ 班级：_____ 学号：_____ 同组人：_____ 日期：____年____月____日

一、实训步骤

自评分	小组评分	教师评分	综合评分

1. 点样。
2. 展开。
3. 显色。
4. 计算比移值（R_f）。

二、数据记录与处理

1. 在纸色谱示意图标记出基线、溶剂前沿、溶剂前沿距基线距离、待测组分迁移距离。

纸色谱示意图

2. 计算滤纸上各斑点的 R_f。
3. 数据记录与结论。

展开剂：_____ 室温：_____

样品溶液		样品移动距离/cm	展开剂移动距离/cm	比移值 R_f
丙氨酸溶液				
亮氨酸溶液				
混合样品	Ⅰ			
	Ⅱ			

结论：Ⅰ为_____,Ⅱ为_____。

三、问题与讨论

1. 在纸色谱时,色谱缸为什么要求尽量密闭?
2. 比较亮氨酸与丙氨酸的结构,试判断哪一种在展开剂与固定相(吸附水)之间的分配系数大,因而比移值(R_f)较大。

附录五 "云课堂—智慧职教"云端数字资源查看指南

一、移动端 APP

1. 手机扫码下载安装"智慧职教"。

Android　　　iOS

2. 进入小程序或打开 APP,登录账号、密码(或手机验证登录)。如无账号,点击"注册",完成注册后登录。

APP 端支持 3 种登录方式,分别为手机验证码登录、账号密码登录、微信登录。

(1)用户注册成功后即可输入注册的手机号,点击获取验证码进行手机验证码登录。

(2)用注册设置的账号密码直接进行登录。

(3)点击下方微信图标跳转微信登录。

3. 扫码/邀请码进班,等待老师审核。

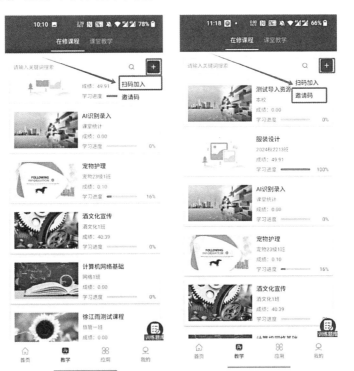

审核通过后,可进入班级课程,查看数字资源。

二、网页端

网址:https://zjy2.icve.com.cn/index,登录,进入课程,查看数字资源。

参考文献

[1]陆艳琦,邹春阳,杨家林.基础化学[M].武汉:华中科技大学出版社,2022.

[2]徐娟娟,王有娣.有机化学实验[M].成都:四川大学出版社,2018.

[3]王志江,陈东林.有机化学[M].4 版.北京:人民卫生出版社,2018.

[4]申明乐,李霞.基础化学实验[M].沈阳:辽宁大学出版社,2019.

[5]冯务群.无机化学[M].4 版.北京:人民卫生出版社,2018.

[6]李维斌,陈哲洪.分析化学[M].3 版.北京:人民卫生出版社,2018.